国家电网
STATE GRID

国网山东省电力公司
STATE GRID SHANDONG ELECTRIC POWER COMPANY

（第二版）

输变电工程启动送电准备 工作手册

国网山东省电力公司　组编

中国电力出版社
CHINA ELECTRIC POWER PRESS

内 容 提 要

输变电工程送电前准备工作烦琐复杂，为进一步做好启动送电前各项准备工作，规范流程、落实责任、明确要求，国网山东省电力公司组织编制《输变电工程启动送电准备工作手册（第二版）》。

本手册介绍了隔离方案编审与实施，调度提资，通流、通压试验，线路参数测试，定值录入，通信系统联调，保护通道调试，远动联调，环水保部分，消防验收，运行移交，送电前状态检查，送电应急准备等多项工作，对每项工作的工作依据、职责分工、工作流程、管理内容与方法、注意事项等进行了详细阐述。

本手册可供从事输变电工程启动送电准备工作的管理及技术人员参考使用。

图书在版编目（CIP）数据

输变电工程启动送电准备工作手册 / 国网山东省电
力公司组编. --2 版. -- 北京：中国电力出版社，
2024. 11. -- ISBN 978-7-5198-9350-7

Ⅰ. TM7-62；TM63-62

中国国家版本馆 CIP 数据核字第 2024R69X16 号

出版发行：中国电力出版社
地　　址：北京市东城区北京站西街 19 号（邮政编码 100005）
网　　址：http://www.cepp.sgcc.com.cn
责任编辑：高　芬　罗　艳（010-63412315）
责任校对：黄　蓓　马　宁
装帧设计：张俊霞
责任印制：石　雷

印　　刷：北京九天鸿程印刷有限责任公司
版　　次：2021 年 2 月第一版　2024 年 11 月第二版
印　　次：2024 年 11 月北京第一次印刷
开　　本：710 毫米×1000 毫米　16 开本
印　　张：7.75
字　　数：104 千字
定　　价：65.00 元

编 委 会

编 写 工 作 组

主　　编　　程　剑

执行主编　　张　斌

编写人员　　何勇军　　姜峥嵘　　马延庆

　　　　　　赵　强　　秦　松　　李　玺

　　　　　　李　佳　　周钦龙　　陈　莉

　　　　　　吕新荃　　隋永锟　　成印建

　　　　　　高运兴　　李俊良　　周传涛

　　　　　　周　洁　　张福友　　李　然

　　　　　　许光可　　汪　鹏　　迟玉龙

　　　　　　滕　飞　　骆　鹏　　李　全

　　　　　　张　鹏　　何金锋　　冯金仓

　　　　　　冷佳伟　　孙玉娇　　刘佳佟

　　　　　　马玉龙　　谢　飞　　赵雅丽

　　　　　　秦洪斐　　耿大林

前　言

　　输变电工程启动送电前，一般需完成隔离方案编审与实施、调度提资、通流通压试验、线路参数测试、定值录入、保护通道调试、远动联调、运行移交、送电前状态检查、送电应急准备等多项工作，这些工作是电网工程安全顺利完成启动调试并正式投运的必要环节和基本保证。当前，在电网工程建设中，业主、监理、施工等单位在落实输变电工程启动送电前准备工作时，存在依据不准确、流程不统一、要求不严格、记录不完整等情况，工作规范性需进一步提升。

　　"十四五"以来，国网山东省电力公司在国家电网有限公司的坚强领导下，落地山东的第 8 项特高压工程——陇东—山东±800kV 特高压直流工程全面开工建设，截至 2024 年 9 月底，35～500kV 工程累计投产工程 879 项、新建线路 17309km、新增变电容量 9509 万 kVA。在每项工程投运前，国网山东省电力公司各级建设管理人员均严格扎实组织开展送电前各项准备工作，有效确保了各项工程设备一次带电成功、调试项目一次通过。

　　多年来，国网山东省电力公司把握根本遵循、胸怀"国之大者"，奋力开启建设"再登高、走在前"卓越山东电力新征程，国网山东省电力公司建设部深入实施基建"六精四化"管理举措，科学把握安全、质量、进度、技术、造价、队伍六个维度之间的关系，加快"标准化、机械化、绿色化、数智化"手段攻坚突破，推动专业核心竞争力、综合实力不断提升。在此基础上，建设部兼顾专业理论知识和实际管理流程，系统总结整理了各级电网工程启动送电前准备工作有关典型做法，明确了工作依据、职责分工，规范了工作流程、管理内容与管理方法，对有关注意事项进行了总结，修订完成《输变电工程启动送电准备工作手册（第二版）》一书，以供从事输变电工程启动送电前准备工作的管理及技术人员参考使用。

限于编写人员水平，本书难免存在不妥之处，敬请广大读者批评指正。

编　者

2024 年 10 月

　　输变电工程启动送电前，一般需完成隔离方案编审与实施、调度提资、通流通压试验、线路参数测试、定值录入、保护通道调试、远动联调、运行移交、送电前状态检查、送电应急准备等多项工作，这些工作是电网工程安全顺利完成启动调试并正式投运的必要环节和基本保证。当前，在电网工程建设中，业主、监理、施工等单位在落实输变电工程启动送电前准备工作时，存在依据不准确、流程不统一、要求不严格、记录不完整等情况，工作规范性需进一步提升。

　　2015～2019 年，国网山东省电力公司在国家电网有限公司的坚强领导下，先后建成并投运"五交四直"九项特高压入鲁工程，新建交流线路2338km、新增变电容量 3600 万 kVA、新建直流线路 1039km、新增换流容量 2000 万 kW。在每项工程投运前，国网山东省电力公司各级建设管理人员均严格扎实组织开展送电前各项准备工作，有效确保了九项特高压入鲁工程设备一次带电成功、调试项目一次通过，创造了特高压工程启动调试历史新纪录。

　　为积极践行国网山东省电力公司"干精彩创最好"的价值追求，扛起"走前列、做表率"的使命担当，国网山东省电力公司建设部统筹"安全第一、质量至上、效率为要、成本是基"四个维度，组织有关特高压入鲁工程参建单位，兼顾专业理论知识和实际管理流程，系统总结整理了特高压入鲁工程启动送电前准备工作有关典型做法，明确了工作依据、职责分工，规范了工作流程、管理内容与管理方法，对有关注意事项进行了总结，编制成《输变电工程启动送电准备工作手册》一书，以供从事输变电工程启动送电前准备工作的管理及技术人员参考使用。

在本手册的编制过程中，国网基建部张友富、谷明、于壮状和国网特高压部马跃、张晓阳等专家给予了大力指导，国网山东省电力公司建设公司、国网山东省电力公司电力科学研究院、山东送变电工程有限公司和山东诚信工程建设监理有限公司积极参与，许多工程建设一线人员提出了宝贵意见和建议，在此表示衷心的感谢！

由于编写人员水平有限，本书难免存在不妥之处，敬请广大读者批评指正。

编　者

2020 年 12 月

目 录

第 **1** 章

隔离方案编审与实施

根据电网需求，部分变电站工程（主要为特高压工程、改扩建工程）执行分阶段、分区域启动调试计划。在此过程中，电气设备分阶段、分区域成为带电运行体，现场安全风险高、管控难度大，为保障已投运设备可靠运行和在建工程安全施工，需编制隔离方案，对运行设备实施物理隔离及一次、二次隔离，防止误操作运行设备及人员触电伤亡情况的发生。

1.1 工 作 依 据

（1）《电力建设安全工作规程　第 3 部分：变电站》（DL 5009.3—2013）。

（2）《电力安全工作规程　变电部分》（Q/GDW 1799.1—2013）。

（3）《国家电网有限公司电力建设安全工作规程　第 1 部分：变电部分》（Q/GDW 11957.1—2020）。

（4）《国家电网有限公司输变电工程安全文明施工标准化管理办法》[国网（基建/3）187—2019]。

（5）《国家电网有限公司十八项电网重大反事故措施（修订版）》（国家电网设备〔2018〕979 号）。

（6）《国网山东省电力公司关于加强变电站改扩建工程安全管理的意见（试行）的通知》（鲁电安质〔2015〕404 号）。

（7）《国网山东省电力公司安委办关于加强在运变电站改扩建外线接入现场安全管控的通知》（鲁电安委办〔2023〕16 号）。

（8）工程设计图纸。

（9）设备厂家技术指导书、说明书。

1.2　职　责　分　工

1. 业主项目部

（1）组织施工项目部开展隔离方案的编制，召开会议对隔离方案进行审查。

（2）组织按照已审查的隔离方案实施隔离措施。

（3）组织设计、监理、施工项目部及设备运维管理单位对隔离措施现场检查、确认。

2. 监理项目部

（1）参与隔离方案的审查工作。

（2）监督施工项目部严格按隔离方案落实隔离措施。

（3）对施工项目部落实重点隔离措施进行旁站监督。

3. 施工项目部

（1）依据工程启动送电方案，结合现场实际情况，按照有关规程规范及设备运维管理单位要求，编制隔离方案。

（2）严格按照已审核的隔离方案落实隔离措施，并形成书面记录。

4. 设计项目部

参与隔离方案的审查及隔离措施的检查、确认。

5. 设备运维管理单位

（1）参与隔离方案的审查，并根据变电站实际情况提出具体要求。

（2）审核并签发施工项目部实施隔离措施的工作票以及二次安全措施票。

（3）负责隔离措施的检查、确认。

1.3 工 作 流 程

隔离方案编审与实施流程见图1-1。

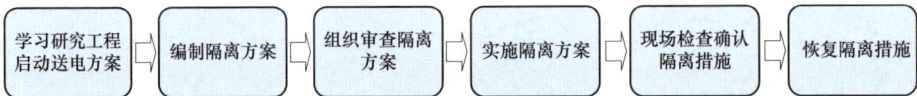

图1-1 隔离方案编审与实施流程

（1）启动送电方案下发后，业主项目部组织设计、监理、施工项目部及设备运维管理单位学习研究启动送电方案。

（2）业主项目部组织施工项目部技术人员对现场进行勘察，并由施工项目部技术人员编制隔离方案，确保隔离方案符合现场实际情况。

（3）业主项目部召开专项会议，组织设计、监理、施工项目部及设备运维管理单位对隔离方案进行审核及现场复核。

（4）业主项目部组织施工项目部、设备运维管理单位按照已审批的隔离方案执行隔离措施。

（5）隔离措施执行完成后，由设备运维管理单位与施工项目部共同进行检查确认。

（6）设备投运前，由施工项目部恢复隔离措施，由设备运维管理单位进行检查确认。

1.4　管理工作内容与方法

隔离方案编审与实施管理工作内容与方法见表 1-1。

表 1-1　　　　　　　　　**管理工作内容与方法**

序号	管理内容	责任单位	工作内容与方法
1	学习研究工程启动送电方案	业主项目部 监理项目部 施工项目部 设备运维管理单位 设计项目部	（1）启动送电前 1 个月，业主项目部向调控部门获取启动送电方案。 （2）业主项目部组织设计、监理、施工项目部及设备运维管理单位学习研究启动送电方案
2	编制隔离方案	施工项目部	（1）根据启动送电方案，明确分阶段投运范围，由业主项目部通知施工项目部编写隔离方案。 （2）施工项目部根据送电方案、设计图纸和现场情况，组织一次专业编制物理措施及一次、二次隔离措施，审核确认后提交业主、监理项目部
3	组织审查隔离方案	业主项目部 监理项目部 施工项目部 设计项目部 设备运维管理单位	（1）业主项目部组织监理项目部、施工项目部、设计项目部和设备运维管理单位对隔离措施方案进行审核，针对一次、二次隔离措施进行现场复核。 （2）施工项目部根据审核意见，完善隔离方案
4	实施隔离措施	施工项目部 设备运维管理单位	（1）工程阶段竣工并验收结束后，施工项目部根据已审批的隔离方案实施施工区域与将投运区域的硬隔离措施。 （2）二次隔离措施，由施工项目部工作负责人填写二次安全措施票（见附录 A），设备运维管理单位负责审核签发，并监护安全措施的执行及恢复。 （3）改扩建工程的二次安全措施，由施工项目部工作负责人填写二次安全措施票，设备运维管理单位与施工项目部执行"双签发"，并办理相关工作票，执行、恢复二次安全措施

续表

序号	管理内容	责任单位	工作内容与方法
5	现场检查确认隔离措施	业主项目部 监理项目部 施工项目部 设备运维管理单位	（1）业主项目部组织监理项目部和设备运维管理单位对现场已执行的隔离措施进行检查确认。 （2）各单位现场确认完毕后，在已执行的隔离措施方案上签字确认
6	恢复隔离措施	施工项目部 设备运维管理单位	（1）设备投运前，施工项目部根据隔离措施执行的书面记录，恢复隔离措施。 （2）设备运维管理单位根据隔离措施执行的书面记录，对已恢复的隔离措施进行检查确认

1.5　注　意　事　项

1.5.1　一次隔离围栏

为保证投运设备的安全可靠运行，需根据调控部门提供的启动送电方案的范围，将施工区域与带电运行设备进行隔离。

（1）结构及形状。采用硬质围栏或脚手架、隔离网组合方式，其中立杆跨度为 2.0～2.5m，高度为 1.8m，立杆应满足强度要求，隔离网的明显部位应悬挂"止步，高压危险！"的安全标志。硬质围栏如图 1-2 所示。

（2）使用要求。安全围栏应与警告、提示标志配合使用，如"止步，高压危险！""人员与 500kV 带电设备安全距离 5m""起重机及吊件与 500kV 带电设备安全距离 8.5m"等，固定方式应牢固可靠，与带电区域设备的隔离围栏应留有足够的安全距离。

图 1-2　硬质围栏

1.5.2　一次设备断开点警示

（1）分阶段投运应在一次设备处有明显的物理断开点。如 500kV 或 1000kV 主变压器分阶段投运，应拆除主变压器 500kV 或 1000kV 侧至高跨线间的引下线，作为一次设备明显断开点，使用已备案接地线将主变压器侧进线高跨线接地，构架爬梯门上锁并悬挂"有电危险，禁止攀爬"标示牌。主变压器分阶段投运一次隔离示意图如图 1-3 所示。

（2）500～1000kV 线路分阶段投运，根据启动送电方案并串要求，应拆除进站线路至站内 V 型绝缘子串间的引下线，作为一次设备明显断开点，使用已备案接地线在线路侧接地。线路分阶段投运一次隔离示意图如图 1-4 所示。

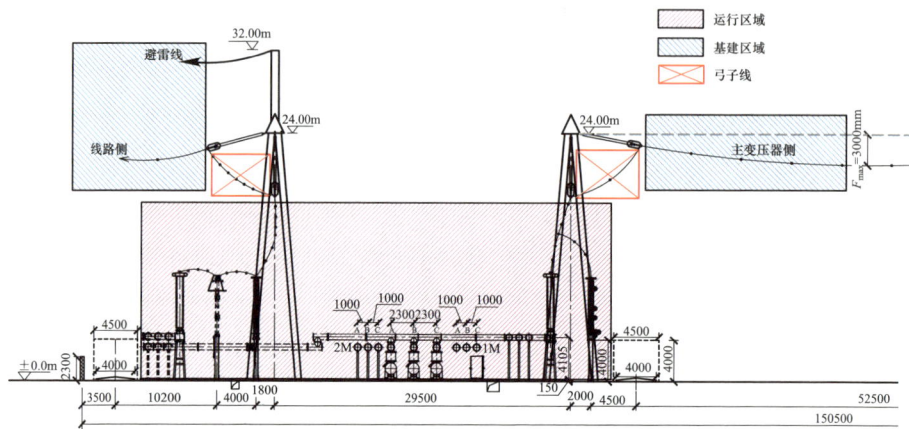

图1-3　主变压器分阶段投运一次隔离示意图

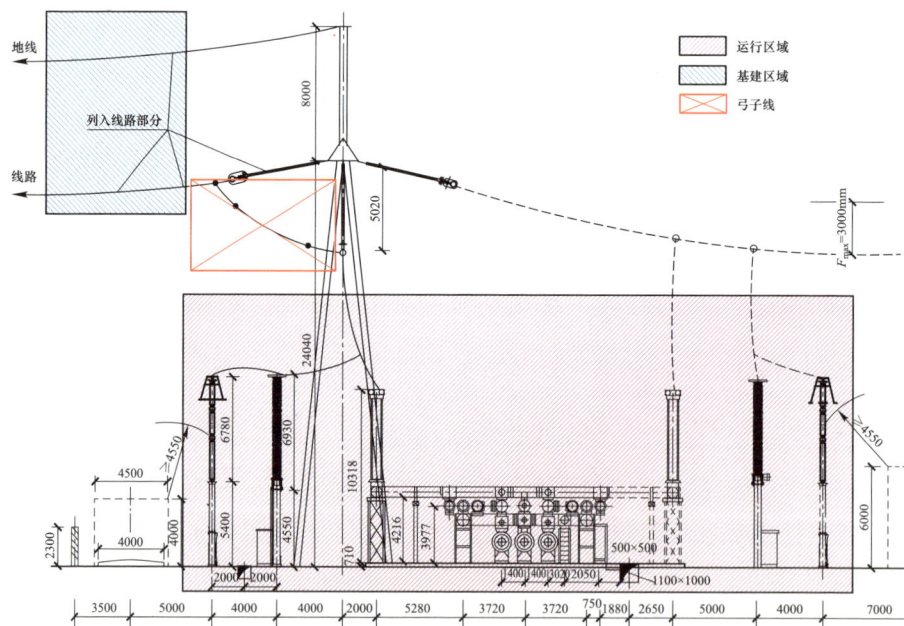

图1-4　线路分阶段投运一次隔离示意图

1.5.3　二次隔离措施

（1）待投运设备隔离措施见表 1-2。

表 1-2　　　　　　　　　待投运设备隔离措施

序号	措施项目	措施内容
1	防止误操作隔离开关、接地开关	（1）断开电动机电源、控制电源，在电源空气开关处挂设"禁止合闸"标示牌。 （2）拆除电动机电源空气开关下口接线，用红色绝缘胶带包好，使用标签纸标识"安全措施"。 （3）将手动操作孔上锁，并挂设"禁止操作"标示牌
2	防止误操作运行断路器	（1）在测控屏内运行断路器操作把手上悬挂"运行设备"标示牌。 （2）将屏内运行装置对应的端子排用红色绝缘胶带封住。 （3）用专用压板套头工具或红色绝缘胶带将出口压板封住
3	防止误发跳闸、失灵命令至运行设备	（1）在运行屏柜内，将跳闸、失灵回路的二次接线拆除，并将裸露部用红色绝缘胶带封住。 （2）用专用压板套头工具或红色绝缘胶带将新间隔失灵开入压板封住
4	防止直流接地	（1）应使用试验电源进行新间隔二次回路调试。 （2）应在新间隔二次回路绝缘测试合格后，接入正式电源。 （3）使用万用表测量运行回路，应检查确认档位正确
5	防止隔离措施恢复错误	（1）应安排专人监护，对照措施票，逐条恢复并确认。 （2）在恢复接线时，应采用万用表检查其电位和通断是否正确，再进行接入

（2）隔离措施应用示例。

1）二次屏柜防误操作措施。在柜前后以及公用屏柜运行设备前后悬挂"运行"红布幔，并在运行屏柜周围设置围栏或围挡。需要施工的屏柜前后放置"在此工作"标示牌，见图 1-5。

图1-5　二次屏柜防误操作措施

2）二次压板防误操作措施。用专用压板套头工具或红色绝缘胶带将出口压板封住，见图1-6。

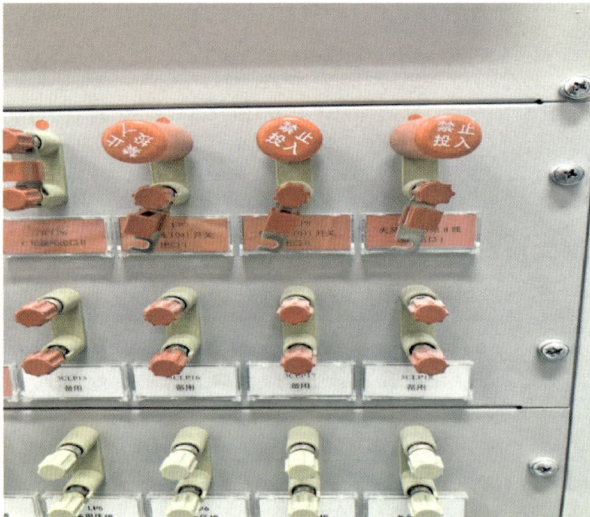

图1-6　二次压板防误操作措施

3）二次端子排防误操作措施。将公用屏柜或接火屏柜内无须接线的运行端子排，用红色绝缘胶带封住，防止误碰，并做好记录，见图1-7。

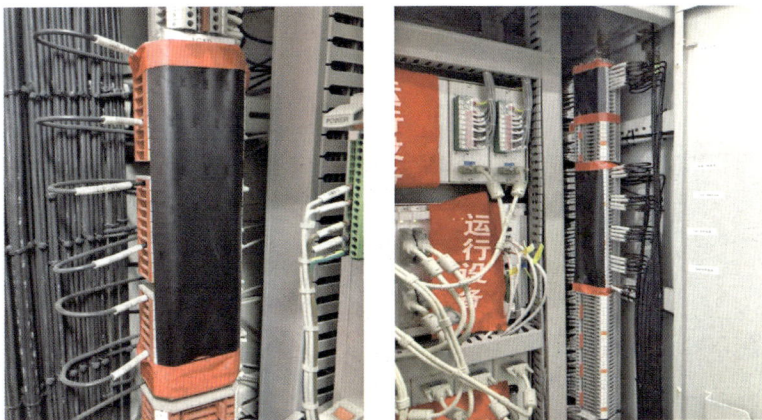

图 1-7　二次端子排防误操作措施

4）TA、TV 二次回路隔离措施。TA 二次回路核对正确后，将 TA 连片断开，在端子排本体接线侧用专用试验线或短接片将电流回路封住并固定，并检查电流回路接地合格。

拉开 TV 二次回路空气开关，用红色绝缘胶带粘贴到操作位置，或将运行电压回路与工作屏柜的端子排连接片断开并固定，并用红色绝缘胶布封好端子排做好警示，见图 1-8。

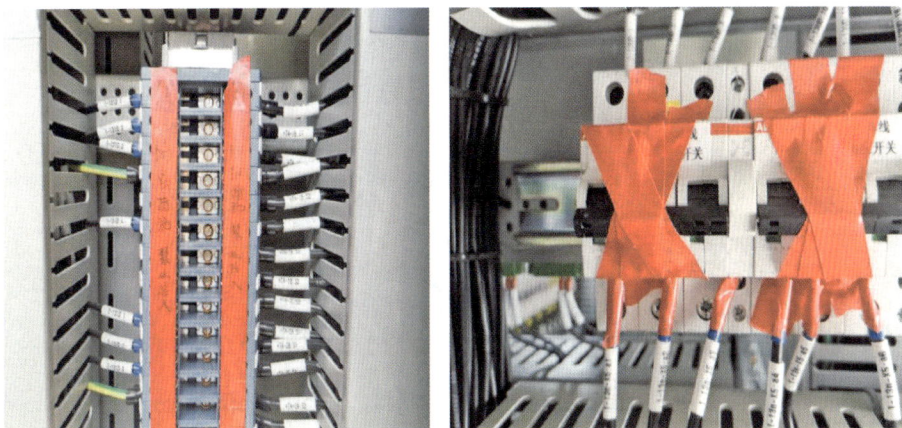

图 1-8　TA、TV 二次回路隔离措施

5）后台软件系统隔离措施。在后台系统中，带电侧刀闸设置"禁止合闸"标示牌，见图1-9。

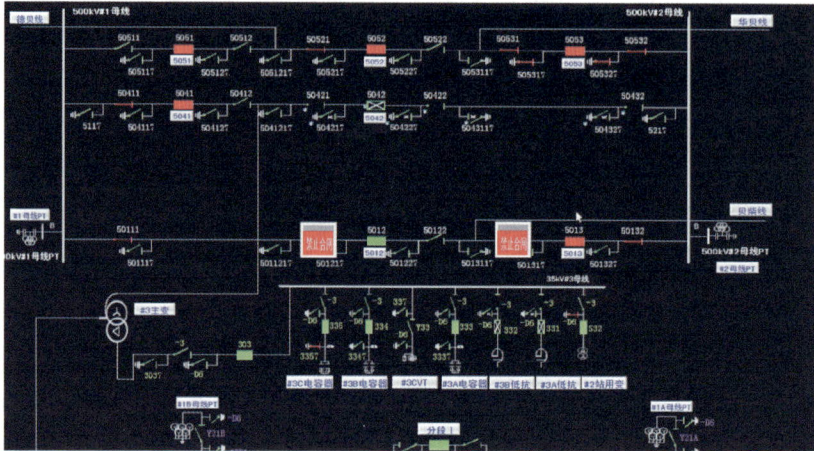

图1-9 后台软件系统隔离措施

6）二次失灵回路、控制回路、信号回路隔离措施。二次回路核对正确后，将运行设备的跳闸、失灵、信号二次回路在电源侧拆除，并用红色绝缘胶布包裹，用警示标签封闭，并退出相应失灵开入压板，见图1-10。

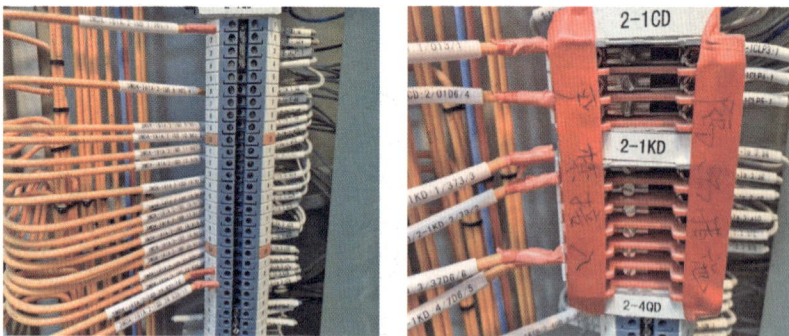

图1-10 二次失灵回路、控制回路、信号回路隔离措施

第 2 章

调度提资

为使调控部门准确掌握变电站内电气设备的配置及参数，在变电站工程与调控部门联调之前，需将工程电气设备相关资料按调控部门要求进行提报，保障工程与调控部门联调工作顺利进行。

2.1 工 作 依 据

（1）《国家电网调度控制管理规程》（国家电网调〔2014〕1405号）。

（2）《国家电网公司关于进一步加强电网运行方式工作的若干意见》（国家电网调〔2008〕55号）。

（3）《新设备启动调度管理流程及标准操作程序》（国家电网调技〔2012〕198号）。

（4）《国家电网公司新建发输变电工程前期及投运调度工作规则》〔国网（调/4）456—2014〕。

（5）《华北电网基（改）建工程调度启动管理办法（暂行）》。

（6）调控部门下发调度提资通知文件及提资模板。

2.2 职 责 分 工

1. 调控部门

（1）下发相关工作要求及模板。

（2）审核参建单位提交的资料。

2. 业主项目部

（1）管理工程的调度提资工作。

（2）组织各参建单位按调度提资相关工作要求及模板填报。

3. 监理项目部

（1）配合业主项目部完成工程的调度提资工作。

（2）向相关参建单位传达调度提资相关工作要求及模板。

（3）督促相关参建单位完成资料填报工作。

（4）负责收集、审核、汇总相关资料，上报业主项目部。

4. 施工项目部

负责工程调度提资工作的收集、整理和填报工作。

5. 设计项目部

配合完成设计相关的提资工作。

2.3　工　作　流　程

调度提资工作流程见图 2-1。

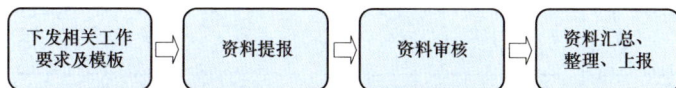

图 2-1　调度提资工作流程

（1）业主项目部联系调控部门下发相关工作要求及模板。

（2）监理项目部根据调度提资相关工作要求，组织施工项目部、设计项目部填报资料。

（3）施工项目部、设计项目部按要求填报资料，经现场监理人员审核通过后，提交业主项目部。

（4）业主项目部汇总整理相关资料并提交调控部门。

2.4　管理工作内容与方法

调度提资管理工作内容与方法见表 2−1。

表 2−1　　　　　　　　　　管理工作内容与方法

序号	管理内容	责任单位	工作内容与方法
1	下发相关工作要求及模板	调控部门 业主项目部	（1）工程投运前 120 天，业主项目部填报正式调度命名申请（示例见附录 B），申请调控部门下发本期调度启动变电站一次接线调度编号图，同时向调控部门申请提供调度提资相关工作要求及模板。 （2）涉及多家参建单位时，业主项目部可组织召开调度提资工作协调会，明确各参建单位的工作节点及内容
2	资料提报	施工项目部 设计项目部	施工项目部、设计项目部根据下发的工作要求及模板及时填报资料，填报完成后提交监理单位审核
3	资料审核	监理项目部 施工项目部 设计项目部	（1）监理单位组织资料审核，将审核后相关资料提交业主项目部。 （2）业主项目部也可根据工程实际情况，组织召开调度提资工作审查会，组织专业人员对提交的资料进行审核
4	资料汇总、整理、上报	业主项目部 监理项目部	业主项目部整理汇总资料，按时提报调控部门

2.5　注　意　事　项

（1）严格按照调控部门下发的相关工作要求及模板进行填报。

（2）各相关单位应按业主项目部制订的时间节点，及时完成相关资料的提交。

（3）各参建单位报送的资料应由本单位（项目部）负责人签字确认并盖章。

第 3 章　通流、通压试验

在电力系统中，通过电压互感器、电流互感器将高电压、大电流变换成低电压、小电流，提供给计量、监控、保护设备进行监测和保护逻辑判断工作，而电流二次回路开路、电压二次回路短路会造成设备损坏，危及人身安全，为确保电流、电压二次回路的正确性，在一次设备投运前，需针对电流互感器、电压互感器进行一次通流、通压试验。

一次通流试验是利用通流设备在一次系统施加三相电流，测试全部电流二次回路的变比、极性、相别，利用参考电压测量保护、测控、计量、故障录波等装置相对方向的试验方法；一次通压试验是利用通压设备在一次系统施加三相电压，测试全部电压二次回路的极性、相别，对全部回路进行同电源核相的试验方法。

3.1 工 作 依 据

（1）《继电保护和电网安全自动装置检验规程》（DL/T 995—2016）。

（2）《继电保护及二次回路安装及验收规范》（GB/T 50976—2014）。

（3）工程设计图纸。

（4）通流、通压试验方案。

3.2 职 责 分 工

1. 业主项目部

（1）组织通流、通压试验方案审查。

（2）组织监理、施工项目部检查现场的安全隔离措施。

（3）组织设备运维管理单位进行通流、通压试验见证。

2. 监理项目部

（1）参与审查通流、通压试验方案。

（2）通流、通压试验前，负责检查现场安全隔离措施。

（3）开展通流、通压试验的旁站工作。

3. 施工项目部

（1）编制通流、通压试验方案，并完成施工项目部的编审批。

（2）布置现场安全隔离措施。

（3）负责实施通流、通压试验，出具试验报告。

4. 设备运维管理单位

（1）参与通流、通压试验。

（2）审查通流、通压试验报告。

3.3 工 作 流 程

通流、通压试验工作流程见图 3-1。

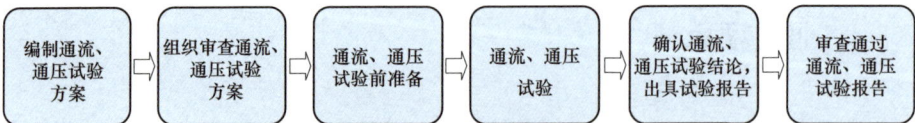

图 3-1 通流、通压试验工作流程

（1）工程三级验收合格后，施工项目部根据现场情况，编制通流、通压试验方案。

（2）启动验收前，业主项目部组织监理、施工项目部对通流、通压试验方案进行审核。

（3）启动送电前，施工项目部进行通流、通压试验。通流、通压试验应满足以下试验要求：

1）分系统调试已完成。

2）试验方案编审批已完成。

3）设备状态已按照方案要求完成布置，具备试验条件。

（4）通流、通压试验过程中，试验人员分别对一次加压量、二次侧数据进行测量，并检查二次保护设备的采样值，记录相关数据。

（5）根据通流、通压试验数据出具试验报告。

（6）设备运维管理单位审查通流、通压试验报告。

3.4　管理工作内容与方法

通流、通压试验管理工作内容与方法见表 3-1。

表 3-1　　　　　　　　　　管理工作内容与方法

序号	管理内容	责任单位	工作内容与方法
1	通流、通压试验方案的编制和审核	业主项目部 监理项目部 施工项目部	（1）施工项目部在工程启动验收前完成本单位内部的通流、通压试验方案编审批流程，并提交至监理项目部审查。 （2）业主项目部组织监理项目部、设计院等部门对通流、通压试验方案进行集中审核，共同确认方案的可行性。 （3）施工项目部根据审核意见，修改完善通流、通压试验方案

续表

序号	管理内容	责任单位	工作内容与方法
2	通流、通压试验的实施	业主项目部 监理项目部 施工项目部	（1）施工项目部提前告知监理项目部通流、通压试验的计划时间，根据审批的试验方案做好试验准备。 （2）通流、通压试验前，监理项目部对试验现场的各项安全措施进行检查，并做好通流、通压试验过程监督。 （3）业主项目部通知设备运维管理单位参加通流、通压试验过程见证
3	试验结果的论证	业主项目部 监理项目部 施工项目部 设备运维管理单位	（1）通流、通压试验后，施工项目部及时编制试验报告，并提交监理项目部审核。 （2）业主项目部组织监理项目部、设备运维管理单位对通流、通压试验报告进行审查

3.5 注 意 事 项

（1）通流、通压试验应在工程具备投运条件后开展。试验结束后，TA/TV 二次回路不应再有任何改动工作。

（2）通流、通压试验过程中，设备带电范围大、安全风险高，应在确保站内无关人员已撤场的情况下开展。

（3）通压试验开始前，应将各电压等级出线的引下线拆除，做好相应的隔离措施，防止通压时反送电到站外线路。

（4）试验设备、试验区域应按照安规要求做好隔离、警示措施并有专人监护；设备引出试验线及试验线下方应一并隔离，防止试验线松脱掉落伤人。

（5）在检修电源箱处和通流、通压设备现场派专人监护，在通流、通压时防止人员随意靠近；准备开始通电试验时，通过对讲机呼应各个区域看守人员，得到"在岗在位"的肯定回复后，先送检修箱开关，再送通压设备开关柜内的隔离刀闸，最后通过控制台将电源投入。

（6）通压试验应选用其中一个 TV 作为基准，其他间隔 TV 与基准 TV 进行同电源核相，同时检查保护、故障录波等装置，确定相序正确；开口三角电压的检查，应对合成前回路分相测量并核相。

（7）测试前检查确认电流二次回路无开路，防止电流二次回路开路产生高电压造成人员触电或设备损坏。测试前将电容器等储能元件断开并接地。测试中发现二次回路开路等异常情况时应立即停止试验，断开试验电源后再进行处理。

（8）通流试验时，宜将多个间隔电流互感器串进一次试验回路进行通流，以便检查线路保护、母线保护和主变压器保护等需要进行和电流或差流计算保护装置采样的正确性。

（9）三绕组变压器通流时，主变压器非测试绕组及相连的配电装置应做好隔离、警示措施，防止人员触电。试验时所使用的三相短路接地线，应按工作接地考虑隔离措施，防止接地线松脱后产生高压造成人员触电。

（10）通流、通压试验数据记录应详细，并存档。

（11）试验结束后，应将全站屏柜端子箱的门上锁，未经施工项目部允许，任何人不得拆开 TA/TV 二次回路端子排连片，如需进行二次回路检查，应安排专职监护人，在工作结束后确认相关回路已恢复。

第 4 章　线路参数测试

　　线路参数是建立电力系统数学模型，进行电力系统潮流计算、短路电流计算、继电保护整定计算、电力系统运行方式选择的必要数据。线路参数包括绝缘电阻、直流电阻、正序阻抗、零序阻抗、正序电容、零序电容、回路间互感抗、回路间耦合电容等，一般在线路工程全线竣工并经验收合格后、线路工程正式投运前进行现场实测。

4.1　工 作 依 据

　　（1）《电气装置安装工程　电气设备交接试验标准》（GB 50150—2016）。

　　（2）《1000kV 系统电气装置安装工程电气设备交接试验标准》（GB/T 50832—2013）。

　　（3）《交流输电线路工频电气参数测量导则》（DL/T 1583—2016）。

　　（4）《1000kV 交流架空输电线路工频参数测量导则》（DL/T 1179—2021）。

　　（5）《直流输电线路及接地极线路参数测试导则》（DL/T 1566—2016）。

　　（6）《1000kV 电气装置安装工程电气设备交接试验规程》（Q/GDW 10310—2016）。

　　（7）《输电线路参数频率特性测量导则》（Q/GDW 11090—2013）。

　　（8）《特高压交流输电线路工频相参数测量导则》（Q/GDW 11503—2016）。

　　（9）线路参数测试技术方案。

　　（10）线路参数测试现场实施方案。

　　（11）被测试线路的相关工程设计资料（铁塔单线图、路径图及相序图、杆塔明细表、参数参考值等）。

4.2 职 责 分 工

1. 建设管理单位

（1）组建线路参数测试指挥部。

（2）组织召开线路参数测试方案审查会。

（3）组织召开线路参数测试技术交底会。

（4）通知线路参数测试单位测试条件已具备。

（5）通知业主项目部线路参数测试已完成。

2. 业主项目部（线路、变电）

（1）组织管辖范围内的参建单位开展线路参数测试配合工作。

（2）组织管辖范围内的参建单位落实线路参数测试工作的前置条件，使其满足技术方案、现场实施方案要求。

（3）审查管辖范围内的参建单位具备线路参数测试条件的报告，并向建设管理单位提交具备参数测试条件的报告。

（4）接收线路参数测试完成的报告，并通知管辖范围内的参建单位线路参数测试已完成。

3. 监理项目部

（1）审核施工、测试单位提交的具备线路参数测试条件的报告。

（2）向业主项目部提交确认具备线路参数测试条件的报告。

（3）配合业主项目部检查线路参数测试工作的前置条件，确保条件完备。

（4）全过程开展线路参数测试旁站监督。

4. 线路参数测试单位

（1）编制被试线路的线路参数测试技术方案及线路参数测试现场实施方案。

（2）评估被试线路静态干扰水平，向建设管理单位提出陪停方案。

（3）在建设管理单位组织的安全技术交底会上，重点向参建单位进行线路参数测试安全技术交底。

（4）办理线路参数测试工作票。

（5）确认线路工程状态满足线路参数测试技术方案及线路参数测试现场实施方案要求。

（6）进行线路首末两端工作区域的安全风险防控，对接、拆测试引线配合人员进行安全监护。

（7）向监理单位提交具备参数测试条件的报告。

（8）组织技术专家对数据进行分析校核。

（9）向建设管理单位提交测试工作已完成的报告。

（10）向建设管理单位提交初步测试结果及测试报告。

5. 施工项目部（线路、变电）

（1）变电施工项目部负责被试线路首末端线路高压电抗器的一次引线拆接线工作，配合提供线路参数测试工作所需要的试验电源，落实线路参数测试前各项前置条件，负责向监理提交管辖范围内具备参数测试条件的报告。

（2）首末端线路施工项目部配合开展线路参数测试引线的接拆工作。

（3）线路施工项目部负责落实线路参数测试的各项前置条件，向监理单位提交具备参数测试条件的报告，负责参数测试期间的沿线巡视、故障处理及安全监护。

6. 设备运维管理单位

（1）负责审批许可在已运行变电站中进行线路参数测试的第一种或第二种工作票。

（2）负责已运行变电站相关设备的操作。

（3）负责报送相关设备、线路的停电计划。

4.3 工 作 流 程

1. 线路参数测试工作总体流程

线路参数测试工作总体流程见图4-1。

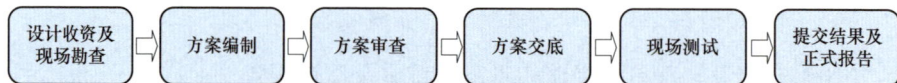

设计收资及现场勘查 ⇨ 方案编制 ⇨ 方案审查 ⇨ 方案交底 ⇨ 现场测试 ⇨ 提交结果及正式报告

图4-1 线路参数测试工作总体流程

（1）设计收资及现场勘查。

1）线路参数测试单位进行线路设计收资，评估待测线路静态干扰水平。

2）线路参数测试单位勘查现场，确认现场条件。

（2）线路参数测试方案编制。线路参数测试单位根据设计收资及现场勘查情况，编制线路参数测试技术方案及现场实施方案。

（3）建设管理单位组织线路参数测试各参加单位，对线路参数测试技术方案及现场实施方案进行审查。

（4）建设管理单位组织线路参数测试各参与单位召开参数测试交底会，对参数测试现场实施方案进行详细交底，并落实场地、工器具及配合人员。

（5）线路参数现场测试。

1）建设管理单位通知线路参数测试单位开展参数测试准备工作。

2）线路参数测试各参与单位提交具备参数测试条件的书面报告。

3）建设管理单位向线路参数测试单位提交线路具备参数测试条件的书面报告后，由参数测试单位下达测试指令。

4）线路参数测试单位开展线路参数测试工作完成后，向建设管理单位提交完成参数测试工作的书面报告。

5）建设管理单位向所管辖单位下达参数测试完成指令后，各相关单位进行后续施工、验收工作。

6）线路参数测试应包括以下项目：

a. 线路电气参数测试前的试验项目：测量电磁感应电流、测量电磁感应电压、测量静电感应电压、测量绝缘电阻和核对相别。

b. 线路电气参数测量项目：测量正序阻抗、测量正序电容、测量零序阻抗、测量零序电容、测量零序互感阻抗、零序耦合电容。

（6）线路参数测试单位在完成参数测试工作后及时向建设管理单位提交测试结果及正式测试报告。

2. 线路参数测试开始前报告流程

线路参数测试开始前报告流程见图 4-2。

3. 线路参数测试完成后报告流程

线路参数测试完成后报告流程见图 4-3。

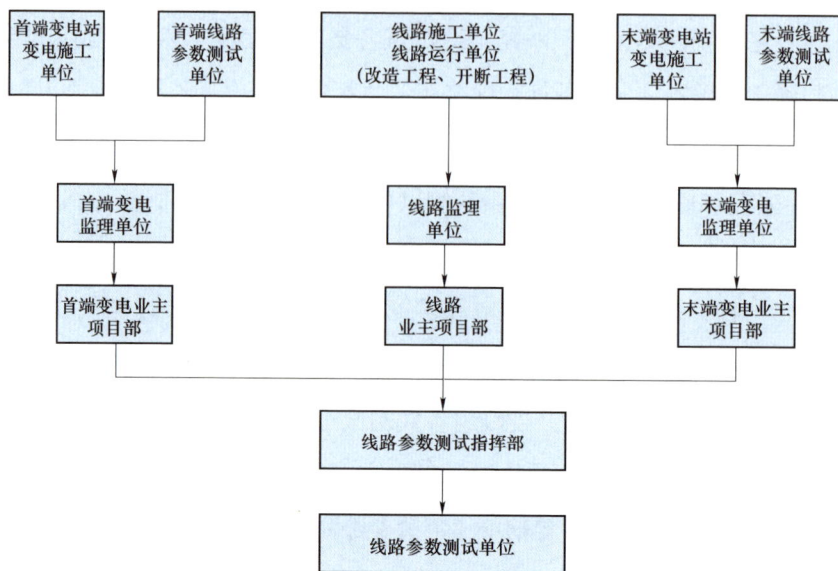

图 4-2　线路参数测试开始前报告流程

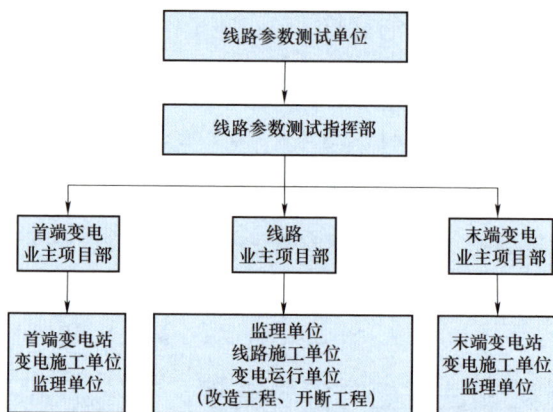

图 4-3　线路参数测试完成后报告流程

4.4　管理工作内容与方法

线路参数测试管理工作内容与方法见表 4-1。

表 4−1　　　　　　　　　　　　管理工作内容与方法

序号	管理内容	责任单位	工作内容与方法
1	设计收资及现场勘察	线路参数测试单位	（1）线路参数测试单位收到线路参数测试任务后，向线路工程设计项目部进行收资，并评估待测线路静态干扰水平。 （2）线路参数测试单位前往线路参数测试首末端变电站勘查现场，确定测试地点具体位置。与各参建单位进行沟通与工作分工，确认现场条件（现场组织机构人员名单示例见附录 C）
2	方案编制	线路参数测试单位	（1）线路参数测试单位根据现场实际情况及静态干扰水平评估结果编制线路参数测试技术方案及现场实施方案。 （2）现场实施方案中应包含线路参数测试陪停方案以及线路测试期间各相关断路器、隔离开关及接地开关的状态及操作需求
3	方案审查	建设管理单位 各项目部 变电施工项目部 线路施工项目部 监理项目部 设备运维管理单位 参数测试单位	建设管理单位组织各项目部、变电施工项目部、线路施工项目部、监理项目部、设备运维管理单位、参数测试单位对线路参数测试技术方案及现场实施方案进行审查
4	方案交底	建设管理单位 各项目部 变电施工项目部 线路施工项目部 监理项目部 设备运维管理单位 参数测试单位	建设管理单位组织各项目部、变电施工项目部、线路施工项目部、监理项目部、设备运维管理单位、测试单位召开方案交底会，明确线路参数测试时间及各参与单位的相关工作，并落实场地、工器具及配合人员
5	现场测试	参数测试单位 建设管理单位 各项目部 变电施工项目部 线路施工项目部 监理项目部 设备运维管理单位	（1）建设管理单位（业主项目部）按照工作计划和现场进度，提前 7 日通知线路参数测试单位开展参数测试准备工作，安排监理、施工项目部做好配合工作。 （2）线路施工项目部向线路监理单位提交具备参数测试条件的书面报告（见附录 D），变电施工项目部、线路参数测试单位向变电监理单位提交具备参数测试条件的书面报告（见附录 E 和附录 F）。 （3）线路、变电监理项目部确认各施工项目部的测试准备工作完成后，向业主项目部提交具备参数测试条件的书面报告；各业主项目部确认具备参数测试条件后，向建设管理单位提交具备参数测试条件的书面报告。 （4）建设管理单位确认所管辖范围的线路、变电站具备参数测试条件后，向线路参数测试单位工作提交书面报告，由参数测试单位下达测试指令。

序号	管理内容	责任单位	工作内容与方法
5	现场测试	参数测试单位 建设管理单位 各项目部 变电施工项目部 线路施工项目部 监理项目部 设备运维管理单位	（5）线路参数测试单位按照参数测试实施方案及参数测试技术方案开展线路参数测试工作，进行数据计算分析，并请专家进行校核；必要时，完成部分测试数据复测工作。 （6）线路参数测试单位在完成参数测试后，向建设管理单位提交完成参数测试工作的书面报告（见附录 G）。 （7）建设管理单位向所管辖单位下达参数测试完成指令，各相关单位在接到参数测试完成的通知后，方可进行后续施工、验收工作
6	提交结果及正式报告	线路参数测试单位建设管理单位	线路参数测试单位在完成参数测试工作后及时向建设管理单位提交测试结果及正式测试报告

4.5 注 意 事 项

（1）线路参数正式测试前，必须书面确认被测试线路上所有施工安全技术措施已解除、线路施工人员已全部撤离。

（2）线路改造、开断工程进行线路参数测试前，必须向线路运行管理单位进行状态确认，落实是否具备工作条件。

（3）按照调控部门有关时间节点要求，提前报送首末两端变电站、线路（改扩建）相关设备的停电计划和操作需求。

（4）高空接线作业应有专人监护；高空作业人员必须正确使用安全带和个人保安线，在确保线路可靠接地后方可作业；使用登高工具及登高车时，应做好防止瓷绝缘子损坏的相关措施。

（5）线路首末两端变电站的现场测试负责人应保持通信良好，执行任何操作或试验步骤前，均应与对站核实无误后方可进行；测试过程中应及时反馈各种异常情况。

（6）线路参数测试前，必须测量被测线路静电及电磁感应电压，严防感应电人身伤害。如果感应电数值过高，超过仪器量程限制时，应停止试验，汇报调度，改变邻近线路运行方式，感应电压减小后，继续进行，严禁野蛮试验。

（7）线路参数测试前，应检查该线路是否连接站内电磁式电压互感器，若有，则需要在试验前考虑拆除互感器上方下引线。

（8）接、拆测试引线及变更接线方式前，必须确认相关设备及被试线路可靠接地。

（9）线路参数测试现场应符合安全文明施工要求，现场布设标准化围栏（见图4-4）测试过程中，测试人员应站在合格的绝缘垫上，并穿戴符合要求的绝缘手套。不进行测试时，应确保线路接地开关和测试引线可靠接地。

图 4-4　线路参数测试标准化现场围栏布设示意图

（10）如遇雨、雪、雷电天气时应立即停止测试。

（11）全部测试工作结束后，现场测试人员应及时拆除临时接线，检查被试设备，清理现场。

（12）线路参数测试完成后，如被试验线路有消缺等工作需要进行，工作完成后、正式送电前应进行线路绝缘电阻测试。

第 5 章

定值录入

继电保护定值即保护性参数，是指为确保设备不超出允许的工作范围，而设定的保护动作启动所对应的数值参数，是保护装置对电力系统中发生故障或异常情况做出正确动作的依据。保护定值录入是装置正常工作的基本条件之一，只有正确的录入，才能确保电力系统的安全运行，可以实现可靠、迅速、有选择性地将故障元件从电力系统中切除。

5.1 工 作 依 据

（1）《继电保护和安全自动装置运行管理规程》（DL/T 587—2016）。

（2）《220kV～750kV 电网继电保护装置运行整定规程》（DL/T 559—2018）。

（3）《继电保护和安全自动装置技术规程》（GB/T 14285—2023）。

（4）《国家电网公司电力安全工作规程》（Q/GDW 10799）。

（5）《国家电网有限公司十八项电网重大反事故措施（修订版）》（国家电网设备〔2018〕979 号）。

（6）调度部门下发的定值通知单。

（7）设备厂家说明书及技术文件。

5.2 职 责 分 工

1. 调控部门

（1）收集关于保护定值计算的相关资料，包括但不限于保护技术说明书、装置型号及版本号、定值配合要求、运行方式及运行参数、有功无功潮流分布、运行电压、解列点及电网稳定的具体要求、互感器变比、线路参数等。

（2）负责定值计算、审批。

（3）在工程验收送电前下发定值通知单。

2. 设备运维管理单位

（1）负责定值单的接收，并转发至业主项目部。

（2）负责工程验收时试验传动的校验。

（3）负责投运前保护装置定值的就地设备核对，以及调度定值核对。

（4）完成运行定值单的保存和归档。

3. 业主项目部

（1）组织施工项目部、相关厂家收集保护定值计算资料。

（2）组织设备运维管理单位、运行管理单位、监理单位、施工项目部的设备定值验收试验。

（3）将定值通知单下发至施工项目部执行。

（4）协调装置定值试验过程中出现的异常情况。

4. 监理项目部

（1）负责联系各设备厂家到场配合收集保护定值计算资料。

（2）参与定值的整定及检验的旁站工作。

（3）负责检查试验现场安全隔离措施情况。

（4）根据需要联系各设备厂家到场配合装置定值的整定及检验。

（5）做好检查现场安全监督管理，确保工作顺利进行。

（6）监控检查过程，对出现的问题及时督促处理并汇总上报业主项目部。

5. 施工项目部

（1）做好施工前准备工作，做好工作人员安全培训和交底，做好人员分工和定值准备，确保录入工作顺利进行。

（2）收集关于保护定值计算的资料上交与调控部门。

（3）负责现场保护装置定值的录入，对定值录入出现的异常情况及时上报。

（4）对录入的设备定值进行再次检查，确保定值录入的正确性。

（5）与设备运维管理单位核对保护定值，填写定值录入运行交代。

6. 各设备厂家

（1）配合施工项目部收集关于保护定值计算的相关资料。

（2）对于定值录入的异常情况配合分析，并提出整改意见。

（3）配合指导现场的定值相关的工作。

5.3 工 作 流 程

定值录入工作流程见图 5-1。

调度提资 ⇨ 定值计算、审批、下发 ⇨ 定值单执行 ⇨ 定值核对 ⇨ 定值单归档

图 5-1 定值录入工作流程

（1）启动送电前 3 个月，业主项目部组织各参建单位收集关于保护定值

整定资料，具体内容参考第 2 章。

（2）调控部门根据调度提资、系统运行要求等内容进行定值计算、审核，在工程投运前将已审批的定值单下发至设备运维管理单位。

（3）施工项目部按照定值单进行保护装置定值整定。

（4）施工项目部与设备运维管理单位进行保护定值的核对与验收，并在定值单上签字确认。

（5）设备运维管理单位将已执行的定值单进行保存、归档。

5.4　管理工作内容与方法

定值录入管理工作内容与方法见表 5-1。

表 5-1　　　　　　　　　　　管理工作内容与方法

序号	管理内容	责任单位	工作内容与方法
1	定值计算、审批、下发	业主项目部 监理项目部 施工项目部 设备运维管理单位 调控部门 各设备厂家	（1）业主项目部组织施工项目部、相关厂家收集保护定值计算资料。 （2）调控部门根据收集的资料，进行保护定值的计算、审批，并下发至设备运维管理单位。 （3）业主项目部及时向设备运维管理单位获取保护定值单，并组织施工项目部进行定值录入
2	定值单执行	施工项目部 设备运维管理单位 调控部门	（1）施工项目部根据已下发的试验定值单进行保护装置定值整定工作，在定值整定过程中，针对定值无法录入或类目不一致的地方，及时反馈至调控部门。 （2）调控部门根据现场反馈意见进行定值单修订、审批，并下发。 （3）施工项目部根据已审批的定值单进行保护装置定值整定工作
3	定值核对	施工项目部 设备运维管理单位	施工项目部与设备运维管理单位进行保护定值的核对、验收，并在定值单上签字确认
4	定值单归档	设备运维管理单位	（1）定值单核对完成后，由整定人员、设备运维管理单位人员签字。 （2）整定人员负责填写定值单整定运行交代。 （3）设备运维管理单位负责处理定值单网络管理流程。 （4）设备运维管理单位将已执行定值单进行保存、归档

5.5 注 意 事 项

（1）现场收资应及时、准确。当现场保护装置版本号、校验码变化时，施工项目部应及时通过业主项目部反馈至调控部门。

（2）自动化及测控装置定值应严格按照调度定值单要求执行，避免出现漏项、误整定的情况。如无调度定值单，应按照设备运维管理单位要求进行整定。

（3）智能控制柜、开关机构箱等设备的温湿度控制器和空调温湿度应按照设备运维管理单位要求进行设置，此项工作由各设备厂家负责执行，施工项目部进行复核检查。

（4）变压器、GIS 等一次设备定值（油温表、绕温表、风冷、三相不一致时间继电器等）应由设备厂家执行，施工项目部复核检查。

第 6 章 通信系统联调

通信系统联调应在通信设备安装和线路光缆熔接完成后开展，应用光传输技术与相邻站点建立通信通道，以实现继电保护、调度数据网、综合数据网等业务可靠连接。工程投运前，需完成线路光缆性能测试、光传输设备光路调试、通信业务配置，确保变电站各项数据正常上传监控主站。

6.1 工 作 依 据

（1）《电力光纤通信工程验收规范》（DL/T 5344—2018）。

（2）《通信电源技术、验收及运行维护规程》（Q/GDW 11442—2020）。

（3）《光传送网（OTN）通信工程验收规范》（Q/GDW 11349—2014）。

（4）《OPGW 光缆引下及接地施工工艺规范》（Q/GDW 06 10033—2020）。

6.2 职 责 分 工

1. 业主项目部

负责通信系统联调工作的总体协调。

2. 监理项目部

负责调试工作安全管控、质量监督和检查验收。

3. 施工项目部

（1）涉及在运行站施工时，应提前进行现场勘查并办理通信管理系统通信工作票。

（2）负责光缆性能测试、站端设备单机调试、通信光路调试及业务通道调试。

（3）负责保护通道测试工作、调度数据网等业务接入实施并出具调试报告。

4. 设计项目部

负责通道路由设计、通道性能核算。

5. 设备运维管理单位

（1）负责签发通信方式单。

（2）负责审核、许可通信工作票。

（3）负责参加光缆、光路、业务调试工作验收。

6.3　工　作　流　程

通信系统联调工作流程见图 6-1。

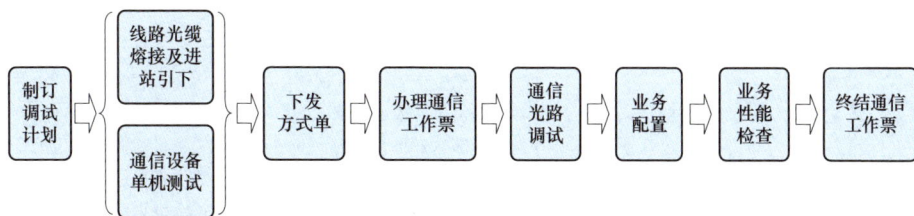

图 6-1　通信系统联调工作流程

（1）业主项目部组织制订通信联调计划，各参建单位根据计划合理安排施工。

（2）根据通信联调计划，线路专业完成线路全程光缆熔接及进站光缆引下施工，变电专业完成通信设备单机测试。监理单位检查施工质量，确保光缆性能、设备指标正常。

（3）设备运维管理单位签发通信方式单，施工项目部完成光纤敷设。

（4）通信系统联调前，施工项目部完成运行站 TMS 系统通信工作票填报，由设备运维管理单位审核，经变电站运维人员及通信调度人员双许可后方可开工。

（5）施工项目部根据通信方式单进行光路连接，并对收发光功率测试，确保光功率正常、无误码。

（6）施工项目部根据通信方式进行业务配置，并完成业务性能检查。

（7）设备运维管理单位对调试工作的收发光功率、业务路由配置验收。

（8）验收合格后，施工项目部通信终结工作票，完成通信系统联调工作。

6.4 管理工作内容与方法

通信系统联调管理工作内容与方法见表 6−1。

表 6−1　　　　　　　　　　　管理工作内容与方法

序号	管理内容	责任单位	工作内容与方法
1	制订调试计划	业主项目部 监理项目部 施工项目部 设备运维管理单位	根据施工计划，在调试前 45 天，由业主项目部组织各相关参建单位协调通道对调工作，确定调试方案，明确业务迁回、光缆开断、业务恢复时间及方案。施工项目部向设备运维管理单位提交保护通道申请单、通信资源申请单、通信电源负载投退申请单、通信检修申请单。设备运维管理单位提前 1 个月提报下月检修计划，并编写通信检修票
2	线路光缆熔接及进站引下	监理项目部 施工项目部	线路光缆进站引下，与导引光缆熔接，并进行光缆全程衰耗测试

续表

序号	管理内容	责任单位	工作内容与方法
3	通信设备单机测试	监理项目部施工项目部	完成站内通信设备安装并进行单体测试
4	下发方式单	设备运维管理单位	根据设计图纸进行光路、业务方式单编制，并下发施工项目部
5	办理通信工作票	施工项目部设备运维管理单位	施工项目部在运行站点填报 TMS 系统通信工作票，由设备运维管理单位审核，经变电站运维人员及通信调度人员双许可后方可开工
6	通信光路调试	监理项目部施工项目部	施工项目部根据方式单敷设光纤，接入光传输设备，测试设备收发光功率正常
7	业务配置	监理项目部施工项目部	施工项目部根据方式单在网管侧进行业务配置，并对 2M 业务、以太网业务进行测试，确保业务配置正确
8	业务性能检查	设备运维管理单位	设备运维管理单位对光路、业务性能进行验收，并开展试运行，测试通道性能
9	终结通信工作票	施工项目部	通信系统联调完成，施工项目部办理通信工作票终结

6.5　注　意　事　项

（1）光纤熔接质量要求光缆熔接线序应一致，单点双向平均熔接损耗应小于 0.05dB，最大不应超过 0.1dB，全程大于 0.05dB，接头比例应小于 10%。

（2）通道调试前应检查光纤接头清洁度，光纤连接头凸起应与法兰盘缺口对齐后再旋紧。备用纤芯保留保护帽，避免污染光纤端面。光纤绑扎采用活扣扎带。

（3）继电保护业务通道调试前，施工项目部需及时向设备运维管理单位提交保护通道申请单，明确线路保护调度名称及连接方式；提交通信电源负载投退申请单，明确继电保护接口装置接电空气开关位置，线路保护接口装置应采用独立空气开关。

（4）综合数据网、调度数据网等业务通道调试前，施工项目部需向设备运维管理单位提交通信资源申请单。

（5）涉及光缆开断检修工作时，施工项目部应提前 30 天向设备运维管理单位提交通信检修申请单及光缆检修方案。

（6）线路保护通道调试应先采用站内自环方式测试站内保护通道，测试通过后，恢复正常连接方式与对侧站进行保护通道对调。

第 **7** 章 保护通道调试

目前，设计上大多采用光纤纵差保护作为输电线路保护的主保护，为保障线路两侧保护能够进行正常通信并实现保护功能，送电前需完成线路保护的通道调试工作。高频载波通道因抗干扰性能差等原因已逐步退出，本章不再单独描述。

7.1　工　作　依　据

（1）《继电保护和安全自动装置基本试验方法》（GB/T 7261—2016）。

（2）《继电保护及二次回路安装及验收规范》（GB/T 50976—2014）。

（3）《输电线路线路保护装置通用技术条件》（GB/T 15145—2017）。

（4）《继电保护和安全自动装置技术规程》（GB/T 14285—2023）。

（5）《继电保护和电网安全自动装置检验规程》（DL/T 995—2016）。

（6）《电力建设安全工作规程　第 3 部分：变电站》（DL 5009.3—2013）。

（7）《继电保护和安全自动装置通用技术条件》（DL/T 478—2013）。

（8）《1000kV 线路保护装置技术要求》（Q/GDW 327—2009）。

（9）《线路保护及辅助装置标准化设计规范》（Q/GDW 1161—2014）。

（10）《电网安全稳定自动装置技术规范》（Q/GDW 421—2010）。

（11）《国家电网有限公司十八项电网重大反事故措施（修订版）》（国家电网设备〔2018〕979 号）。

（12）《国家电网有限公司电力建设安全工作规程（电网建设部分）》（Q/GDW 11957.1—2020）。

（13）相关设计图纸说明书、保护通道组织方式单。

7.2 职 责 分 工

1. 业主项目部

（1）组织开展通道调试前准备和协调工作，检查线路工作的完成情况及两侧通道设备的完成情况，组织施工项目部、建设单位、两侧设备运维管理单位召开通道调试前状态审查。

（2）组织做好现场勘查，确保熟悉应急预案和安全操作规程，防止调试过程中意外情况出现。

（3）负责保护通道调试工作的总体协调。保持沟通协调，确保各项工作有序进行。

2. 监理项目部

（1）参与通道调试前的通道状态、工作完成情况、两侧设备的状态检查。

（2）检查各环节通道调试前准备工作，组织工作人员现场勘查，做好检查现场安全监督管理，确保检查工作顺利进行。

（3）监控检查过程，对出现的问题及时督促处理并汇总上报业主项目部。

（4）负责监督巡视职责和旁站监理职责。

3. 施工项目部

（1）进行现场勘查，编制工作票及二次安全措施票。组织做好调试前的准备工作，包括人员分工安排、安全工器具准备等。

（2）完成站端单体调试及通信链路调试，完成版本核对、纵差保护功能联调。

（3）负责保护通道调试工作实施并出具调试报告。

（4）针对检查过程中发现的问题，及时制定整改措施和方案，确保问题得到及时整改。

纵联保护通道检验见表7-1，通道两侧联调试验见表7-2。

表7-1   纵 联 保 护 通 道 检 验

项目	要求
光纤通道	保护通道类型_____（专用通道/复用通道）
	检查线路两侧复用接口装置是否为同一型号，复用接口装置型号：_____
	检查线路保护用光纤通道路由是否固定，记录两侧路由地址
	检查通道误码率和传输时间，通道延时是否频繁变化
	检查通信接口种类和数量是否满足要求，光纤端口发送功率：_____、接收功率：_____
	通信接口装置运行指示灯显示正常，光口和电口通信良好
	检查复用通信接口装置取自独立的直流电源，并与对应保护装置取自同一直流母线段

注 通信接口的接收功率和发送功率应满足要求：① 光波长 1310nm 光纤，光纤发送功率 $-20\sim-14dBm$，光接收灵敏度 $-31\sim-14dBm$；② 光波长 850nm 光纤，光纤发送功率 $-19\sim-10dBm$，光接收灵敏度 $-24\sim-10dBm$。

表7-2   通 道 两 侧 联 调 试 验

项目名称	具体要求
核对两侧保护版本信息	核对两侧保护装置版本信息与定值单、OMS系统版本是否匹配
对侧电流及差流检查	将两侧保护装置的"TA变比系数"定值整定为1，分别在对侧加入三相对称的电流，在本侧装置查看通道一的三相电流、三相补偿后差动电流及未经补偿的差动电流。若两侧保护装置"TA变比系数"定值整定不全为1，对侧的三相电流和差动电流还要进行相应折算
开入检查	（1）两侧分别在对侧投入差动保护压板，在本侧装置查看对侧压板投入，任何一侧差动压板不投入时报差动压板投入不一致 （2）两侧分别在对侧模拟母差保护动作，在本侧装置查看远方跳闸开入正确
空冲空载故障试验	本侧开关合位，对侧开关分位，本侧模拟正方向区内故障（A、B、C相和各相间故障）

续表

项目名称	具体要求
弱馈试验	（1）两侧开关均在合位，主保护压板投入，在两侧均加正常电压，在任何一侧模拟区内故障，保护均不动作 （2）在一侧加三相电压加正常的三相电压 34V（小于 65% U_n 但是大于 PT 断线的告警电压 33V，装置没有 "PT 断线" 告警信号）或模拟保护起动，另一侧模拟正方向区内故障（A、B、C 相和各相间故障），两侧差动保护均动作跳闸
远方跳闸试验	在本侧将 "远跳经本侧控制" 控制字置 1，在另外一侧使保护装置有远跳开入的同时，在本侧使装置启动，本侧保护能远方跳闸

注　具体保护逻辑检验以各厂家说明书和调试方法为准。

4. 设备运维管理单位

（1）审核施工项目部编写的工作票及二次安全措施票。

（2）负责执行二次安全措施票。

（3）对保护通道调试工作进行验收。

7.3　工　作　流　程

保护通道调试流程见图 7-1。

图 7-1　保护通道调试流程

（1）根据项目的施工进度，由业主项目部组织制订调试计划，各参建单位根据计划合理安排施工。

（2）施工项目部完成相关准备工作，根据信通公司下发的方式单进行保护通信链路调试，完成通道对调工作。

（3）设备运维管理单位审核工作票、二次安全措施票，执行、恢复安全措施，对调试工作进行验收。

7.4 管理工作内容与方法

保护通道调试管理工作内容与方法见表 7–3。

表 7–3　　　　　　　　管理工作内容与方法

序号	管理内容	责任单位	工作内容与方法
1	制订调试计划	业主项目部 施工项目部	根据施工计划，在线路投运前 1 个月，由业主项目部组织各相关参建单位协调保护通道调试工作，确定调试计划，并进行两侧保护版本的核对
2	线路光缆进站及熔接	施工项目部	线路光缆进站后进行光缆熔接，并进行衰耗测试
3	通信设备调试，下发方式单	信通公司 施工项目部	站内通信设备应在线路光缆进站前安装完成并进行单体调试
4	办理工作票、执行二次安全措施票	施工项目部 设备运维管理单位	施工项目部编写工作票、二次安全措施票，由设备运维管理单位签发，并执行二次安全措施票
5	站内通道调试	施工项目部	施工项目部对线路保护进行调试，并对通道进行站内自环测试，保证站内通信正常
6	正式定值输入、线路纵联差动保护调试	施工项目部 设备运维管理单位 监理单位	调试前需输入正式定值。设备运维管理单位对调试进行验收，监理单位巡视监督
7	恢复安措，终结工作票	施工项目部 设备运维管理单位	设备运维管理单位恢复安全措施，施工项目部办理工作票终结

7.5　注　意　事　项

（1）采用正式定值进行调试，并将定值与设计图纸进行核对，正确区分线路保护设备通道连接方式。

（2）通道调试前检查光纤接头清洁度，光纤连接头凸起与法兰盘缺口对齐后再旋紧。可采用站内自环方式测试站内保护通道，测试通过后恢复正常连接方式与对侧站进行保护通道对调。

（3）开关传动时，现场需有人监护。

（4）提前确认两侧保护装置型号及软件版本。

第 8 章 远动联调

远动联调是调试应用计算机和通信等技术采集、发送和接收电力系统的数据和信息，对电网和远方发电厂、变电站等运行状态进行监视与控制，以确保调控部门的正确实现远程测量、远程信号、远程控制和远程调节等各种功能。工程投运前，需完成变电站站端与调控部门遥测、遥信、遥控和遥调的自动化功能联调，并完成相关继电保护业务联调，以确保调控部门对变电站的正常监控。

8.1　工　作　依　据

（1）《电力调度数据网设备测试规范》（DL/T 1379—2014）。

（2）《变电站监控系统图形界面规范》（Q/GDW 11162—2014）。

（3）《变电站设备监控信息规范》（Q/GDW 11398—2020）。

（4）《智能变电站自动化系统现场调试导则》（Q/GDW 10431—2016）。

（5）《智能变电站网络交换机技术规范》（Q/GDW 10429—2017）。

（6）《调度控制远方操作技术规范》（Q/GDW 11354—2017）。

（7）《国家电网有限公司十八项电网重大反事故措施（修订版）》（国家电网设备〔2018〕979 号）。

（8）《国家电网公司电网调度控制管理通则》（国家电网企管〔2014〕139 号）。

（9）《国家电网调度控制管理规程》（国家电网调〔2014〕1405 号）。

（10）《国家电网公司变电站设备监控信息管理规定》（国网企管〔2016〕649 号）。

（11）《国家电网公司变电站设备监控信息表管理规定》[国网（调/4）906—2018]。

8.2 职 责 分 工

1. 调控部门

（1）负责监控信息全过程管理和监控信息表的审核、校核、发布、执行等管理工作。

（2）负责电网调度控制系统的数据维护，开展调控机构自动化专业信息的核对和验收工作，与变电站端进行远动调试。

2. 业主项目部

（1）督促设计项目部依据变电站设备监控信息技术规范及相关要求编制监控信息表设计稿。

（2）组织施工项目部按照监控信息表和设计图纸开展新（扩）建变电站设备的安装调试工作，督促施工项目部按照调度要求提交远动联调各专业资料。

（3）督促设计项目部在向施工项目部和设备运维管理单位提供施工图纸时，同时提供监控信息表，并组织审查。

（4）组织召开相关远动联调会议，协助施工项目部与调控部门的沟通，协调解决远动联调中遇到的问题。

3. 监理项目部

配合业主项目部做好远动联调工作的组织和协调。

4. 施工项目部

根据图纸及相关规范要求，做好变电站内设备调试工作，负责远动联调工作具体实施。

5. 设备运维管理单位

（1）审核设计项目部编制的监控信息表。

（2）编制监控信息表调试稿并向调控部门提交接入（变更）申请。

（3）开展站端自动化系统的维护和验收，配合解决远动联调中遇到的站端问题。

6. 设计项目部

编制监控信息表设计稿，并依据调试、设备变更等出具竣工资料。

8.3　工　作　流　程

远动联调工作流程见图 8-1。

图 8-1　远动联调工作流程

（1）业主项目部组织各参建单位制订远动调试计划，各参建单位根据计划合理安排施工。

（2）设计项目部出具监控信息表，设备运维管理单位及施工项目部审核修订后上报调控部门确认。

（3）施工项目部需在远动联调前完成站内相关设备的调试工作，确保自动化及继电保护设备与调控部门通信正常。

（4）施工项目部与设备运维管理单位、调控部门配合完成远动调试工作。

8.4 管理工作内容与方法

远动联调管理工作内容与方法见表 8−1。

表 8−1 管理工作内容与方法

序号	管理内容	责任单位	工作内容与方法
1	制订调试计划	业主项目部	业主项目部按照特高压工程提前 3 个月、500kV 及以下工程提前 2 个月的时间节点，组织召开远动联调协调会，制订调试计划。各单位按照各自职责落实各时间节点工作，确保远动联调工作顺利推进
2	编制监控信息表	设计项目部	（1）监控信息表应与工程图纸同时交付现场。 （2）改、扩建项目监控信息表应注明一期工程变动情况（见附录 H）
3	审核确认监控信息表并下发	调控部门 业主项目部 监理项目部 施工项目部 设备运维管理单位	（1）设计项目部提交监控信息表后，各单位及时审核修订，上报调控部门确认。 （2）业主项目部协调调控部门相关专业确定各专业联络人。 （3）依据调控部门下发相关资料需求计划及要求，由施工项目部进行各专业资料提报
4	变电站站端调试	施工项目部	（1）施工项目部根据现场图纸及相关要求，督促监控系统厂家根据监控信息表配置站端监控系统、远动系统及图形网关设备。 （2）各自动化专业和继电保护专业厂家完成站内各系统的单体配置及系统组网。 （3）施工项目部调试人员完成站内的自动化系统调试和继电保护调试

续表

序号	管理内容	责任单位	工作内容与方法
5	通信系统及远动系统测试	施工项目部	（1）通信系统确认通信方式后及时进行通信施工。 （2）根据各级调度下发的 IP 地址配置调度数据网，交换机、路由器及纵向加密等设备调试完成后，测试相关专业的通信链路
6	站端与调控部门联调	调控部门 施工项目部 设备运维管理单位	站端调试完成后，由业主项目部向调控部门提交自动化联调申请，并确认联调时间，施工项目部按计划进行远动联调

8.5　注　意　事　项

（1）施工图审查阶段，需将监控信息表纳入审查范围。

（2）业主项目部提前组织召开远动联调协调会，明确各参建单位责任，按照里程碑计划倒排工期，及时发现影响联调进度的问题并督促相关单位解决。

（3）设计需考虑新建工程通信系统的施工进度，可提前建设临时通信通道以保证远动联调。

（4）施工项目部向各级调控部门提交 IP 地址申请时，要保证所申请的 IP 地址数量满足站端设备接入需求。

（5）IP 地址下发后，施工项目部及时进行调度数据网与纵向加密设备配置，并与各级调控部门联调。因纵向加密需进行多种业务的策略配置，联调所需时间长，需预留充足的调试时间。

（6）施工项目部向通信部门及调控部门提报的资料包含通信方式申请单，调度数据网 IP 地址申请单，纵向加密业务申请单，监控信息表，同步相量测量装置（phasor measurement unit，PMU）、电能计量系统（tele meter reading，

TMR）、在线监测业务、计划检修工作站、保护信息子站和故障录波等业务相关资料。

（7）远动联调前施工项目部应与调控部门的调试人员确认调试计划，填写远动联调进度表（见附录 I）。

（8）远动联调工作中远动信号、同步相量测量装置（PMU）核对工作量大，施工项目部可安排若干个调试小组同时进行联调工作以节省时间。

（9）电能量计量系统（TMR）核对前，需核实现场的电能表数量、名称、TA 变化、TV 变比等相关资料，由业主项目部盖章确认后提交调控部门，待调度端配置完成后进行核对。

（10）在线监测的业务站端调试工作量大，施工项目部合理安排施工。提前做好在线监测设备相关 IP 地址申请工作，以保证与调控部门的正常通信。

（11）联调包含继电保护业务，施工项目部需及时提交继电保护业务（如线路保护、安全稳定控制和行波测距）通信通道的申请。

第 9 章　环水保部分

9.1 工 作 依 据

（1）《中华人民共和国环境保护法》（2014 年修订版）。

（2）《中华人民共和国水土保持法》（2010 年修订版）。

（3）《中华人民共和国环境影响评价法》（2018 年修订版）。

（4）《建设项目环境保护管理条例》（2017 年修订版）。

（5）《关于严惩弄虚作假行为加强建设项目竣工环境保护自主验收监督执法工作的通知》（环办执法〔2022〕25 号）。

（6）《建设项目竣工环境保护验收管理办法》（国家环境保护总局令第 13 号）。

（7）《生产建设项目水土保持方案管理办法》（中华人民共和国水利部令第 53 号）。

（8）中共中央办公厅、国务院办公厅印发《关于加强新时代水土保持工作的意见》。

（9）《国家电网公司环境保护管理办法》〔国网（科/2）642—2018〕。

（10）《水土保持综合治理验收规范》（GB/T 15773—2022）。

（11）《国家电网有限公司电网建设项目环境影响评价管理办法》（国家电网科〔2020〕345 号）。

（12）《国家电网有限公司电网建设项目水土保持管理办法》（国家电网科〔2019〕550 号）。

（13）《国家电网有限公司关于进一步加强电网建设运行环境保护和水土保持过程管控的意见》（国家电网办〔2021〕407 号）。

9.2　职　责　分　工

1. 建设管理单位

（1）组织环保、水保验收单位及监理、监测、施工项目部开展竣工前环保、水保验收。

（2）召开工程竣工前环保、水保验收会，组织编制投产前环保、水保验收报告。

（3）配合开展工程环保、水保技术审评及验收会。

2. 业主项目部

（1）配合环保、水保验收单位及监测单位完成现场检查、资料收集等工作，组织设计、监理、施工项目部开展环保、水保问题整改闭环。

（2）工程投运后，进行环保、水保管理工作总结，对项目参建单位工作成效开展综合评价，汇总监理、施工、物资供应商合同履约情况并报送建设管理单位。

（3）参加工程环保、水保技术审评及验收会。

3. 监理项目部

（1）负责工程环保、水保监理工作各项信息数据收集、统计和分析，组织编制相关日志、简报、季报等，建立环保、水保监理资料档案，审查施工项目部现场问题整改闭环。

（2）编写环保、水保专项监理工作总结，组织整理环保、水保监理档案资料，协助开展环保、水保设施竣工验收工作，参加工程环保、水保技术审评及验收会。

4. 施工项目部

（1）做好边坡防护、植被复绿、迹地恢复等环保、水保措施。

（2）提交验收申请报告及相关资料。

（3）配合环保、水保验收，对存在问题整改闭环，编写施工工作总结，组织整理环保、水保档案资料，参加工程环保、水保技术审评及验收会。

9.3 工 作 流 程

环水保工作流程见图 9−1。

图 9−1 环水保工作流程

（1）施工项目部边坡防护、植被复绿、迹地恢复等工程环保、水保措施落实并自检合格后，提交环保、水保验收申请报告及相关资料。

（2）监理项目部对施工项目部提交的验收申请报告及相关资料进行审核，施工项目部对提供资料中存在的问题进行补充、修正，合格后上报业主项目部。

（3）建设管理单位组织环保、水保验收单位及监理、监测、施工项目部开展竣工前环保、水保验收，业主项目部组织参建单位配合进行检查验收。

（4）业主、监理项目部监督施工项目部对环保、水保验收发现问题进行整改闭环。

（5）业主项目部组织参建单位编写环保、水保工作总结，对参建单位工作成效进行评价，配合建设管理单位编制投产前环保、水保验收报告。

（6）工程参建单位配合开展工程环保、水保技术审评及验收会。

9.4　管理工作内容与方法

环水保管理工作内容与方法见表 9-1。

表 9-1 管理工作内容与方法

序号	管理内容	责任单位	工作内容与方法
1	提交环保、水保验收申请	监理项目部 施工项目部	（1）施工项目部完成边坡防护、植被复绿、迹地恢复等，自检合格。 （2）业主、监理项目部监督施工项目部环保、水保措施落实，并进行审核
2	组织开展环保、水保验收	建设管理单位 业主项目部 监理项目部 施工项目部	（1）建设管理单位负责组织开展环保、水保验收工作。 （2）业主项目部组织监理、施工项目部配合环保、水保验收。对验收单位提出的意见进行答复并记录相关内容
3	完成整改闭环	业主项目部 监理项目部 施工项目部	（1）施工项目部对验收单位提出的整改问题逐项落实整改。 （2）监理项目部对施工整改情况进行监督，并及时向业主项目部进行工作汇报。 （3）业主项目部组织监理、施工进行问题整改回复
4	编写环保、水保工作总结、报告	建设管理单位 业主项目部 监理项目部 施工项目部	（1）工程投运后，业主项目部组织监理、施工编写环保、水保工作总结。 （2）业主项目部对参建单位工作成效进行评价。 （3）建设管理单位负责编制投产前环保、水保验收报告
5	技术评审及验收	建设管理单位 业主项目部 监理项目部 施工项目部	（1）建设管理单位配合评审验收单位组织召开工程环保、水保技术审评及验收会。 （2）业主项目部通知各参建单位按时参会

9.5 注 意 事 项

（1）严格执行国家、行业、公司关于环保、水保的相关法律法规、制度和规范，严格管控、落实环保、水保同时设计、同时施工、同时投入生产和使用"三同时"原则。

（2）施工过程中控制"三废"排放并及时清理，施工结束后及时进行环保、水保措施落实，减少对环境污染和危害。

（3）施工、监理项目部施工过程中应对环保、水保措施实施前、实施中、实施后相应数码照片的收集、整理。

（4）环保、水保工作总结应内容充分，数据详实，包含图片说明材料。

第 **10** 章　消防验收

对按照国家工程建设消防技术标准需要进行消防设计的建设工程，实行建设工程消防设计审查验收制度。消防验收是由住房与城乡建设主管部门根据有关规定，对应当申请消防验收的建设工程在工程竣工验收完成后，应建设单位申请而进行的消防功能验收；规定以外的其他建设工程，建设单位在工程竣工验收后应当报住房和城乡建设主管部门备案，住房和城乡建设主管部门进行抽查。

10.1 工 作 依 据

（1）《中华人民共和国消防法》（2021 年修订）。

（2）《建设工程消防设计审查验收管理暂行规定》（中华人民共和国住房和城乡建设部令第 51 号）。

（3）《国家电网有限公司输变电工程验收管理办法》［国网（基建/3）188—2019］。

（4）《国家电网有限公司业主项目部标准化管理手册（2021 年版）》。

（5）工程相关施工设计图纸。

10.2 职 责 分 工

1. 建设管理单位（业主项目部）

（1）按照国务院住房和城乡建设主管部门规定，将应当进行消防设计文件审查的特殊建设工程，报送住房和城乡建设主管部门审查；规定以外的其他建设工程，建设单位申请批准开工报告时应当提供满足施工需要的消防设计图纸及技术资料。

（2）组织有关单位对建设工程进行竣工验收，对建设工程是否符合消防要求进行查验。

（3）依法及时向档案管理机构移交建设工程消防有关档案，依法申请办理消防验收或备案手续。

（4）组织各参建单位配合住房与城乡建设主管部门完成消防验收工作。

（5）协调解决所辖工程消防验收工作中出现的重大问题。

（6）提供消防验收所需的建设管理文件。

（7）督促各参建单位对消防验收中发现的问题整改落实。

2. 设计项目部

（1）按照建设工程法律法规和国家工程建设消防技术标准进行设计，编制符合要求的消防设计文件，消防设计文件不得违反国家工程建设消防技术标准强制性条文。

（2）在设计文件中选用的消防产品和具有防火性能要求的建筑材料、建筑构配件和设备，应当注明规格、性能等技术指标，符合国家规定的标准。

（3）参加建设管理单位组织的建设工程竣工验收，对建设工程消防设计实施情况签章确认，并对建设工程消防设计质量负责。

（4）提供消防验收所需的设计文件。

（5）对消防验收中发现的设计问题积极整改，并反馈整改情况。

3. 监理项目部

（1）按照建设工程法律法规、国家工程建设消防技术标准，以及经消防设计审查合格或者满足工程需要的消防设计文件实施工程监理。

（2）参加建设管理单位组织的建设工程竣工验收，对建设工程消防施工质量签章确认，并对建设工程消防施工质量承担监理责任。

（3）提供消防验收所需的监理工作文件。

（4）负责对消防验收工作过程中发现的问题进行跟踪，督促各单位完成问题整改。

（5）对消防验收中发现的监理单位问题积极整改，并反馈整改情况。

4. 施工项目部

（1）按照建设工程法律法规、国家工程建设消防技术标准，以及经消防设计审查合格或者满足工程需要的消防设计文件组织施工。

（2）按照消防设计要求、施工技术标准和合同约定检验消防产品和具有防火性能要求的建筑材料、建筑构配件和设备的质量，使用合格产品，保证消防施工质量。

（3）参加建设管理单位组织的建设工程竣工验收，对建设工程消防施工质量签章确认，并对建设工程消防施工质量负责。

（4）配合建设管理单位（业主项目部）完成消防验收工作。

（5）提供消防验收所需的消防产品和具有防火性能要求的建筑材料、建筑构配件和设备的质量合格证明文件、隐蔽工程记录等施工文件。

（6）对消防验收中发现的施工问题积极整改，并反馈整改情况。

5. 设备运维管理单位

配合完成与消防有关的生产准备工作。

10.3 工 作 流 程

消防验收工作流程见图 10-1。

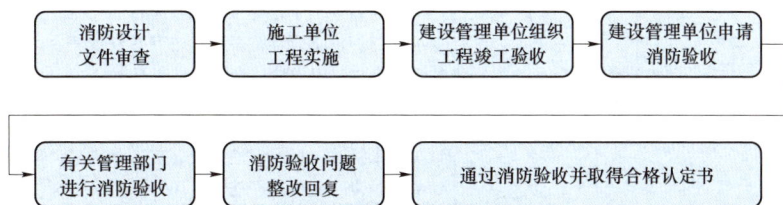

图 10-1 消防验收工作流程

（1）建设管理单位（业主项目部）组织相关单位完成消防设计文件审查。

（2）施工项目部按照消防设计文件及图纸要求完成消防设备安装、调试等工作。

（3）业主项目部组织设计项目部、监理项目部、施工项目部完成消防自验工作。

（4）工程通过竣工预验收后，建设管理单位组织各参建单位根据当地住房与城乡建设主管部门要求，完成消防验收申请。

（5）建设管理单位应组织各参建单位积极配合有关部门的消防验收工作，并完成消防验收缺陷的整改，取得消防验收合格意见书。

10.4 管理工作内容与方法

消防验收管理工作内容与方法见表 10-1。

表 10-1   **管理工作内容与方法**

序号	管理内容	责任单位	工作内容与方法
1	消防设计文件审查	建设管理单位 设计项目部	（1）设计项目部按照建设工程法律法规和国家工程建设消防技术标准进行设计，编制符合要求的消防设计文件，不得违反国家工程建设消防技术标准强制性条文。 （2）设计项目部在设计文件中选用的消防产品和具有防火性能要求的建筑材料、建筑构配件和设备，应当注明规格、性能等技术指标，符合国家规定的标准。 （3）建设管理单位对按照国务院住房和城乡建设主管规定应当进行消防设计文件审查的特殊建设工程，报送相应的管理单位，完成消防设计文件审查
2	施工单位工程实施	建设管理单位 设计项目部 监理项目部 施工项目部	（1）施工项目部按照建设工程法律法规、国家工程建设消防技术标准，以及经消防设计审查合格或者满足工程需要的消防设计文件进行施工，不得擅自改变消防设计进行施工，降低消防施工质量。 （2）施工项目部按照消防设计要求、施工技术标准和合同约定检验消防产品和具有防火性能要求的建筑材料、建筑构配件和设备的质量，使用合格产品，保证消防施工质量。 （3）监理项目部按照建设工程法律法规、国家工程建设消防技术标准，以及经消防设计审查合格或者满足工程需要的消防设计文件实施工程监理。 （4）设计项目部提供在设计图纸、设计变更文件中选用的消防产品和具有防火性能要求的建筑材料、建筑构配件和设备，应当注明规格、性能等技术指标，符合国家规定的标准
3	建设管理单位组织工程竣工验收	建设管理单位 设计项目部 监理项目部 施工项目部 设备运维管理单位	（1）建设管理单位组织各单位对工程进行竣工验收。 （2）设计项目部、监理项目部、施工项目部、设备运维管理单位积极配合建设管理单位组织的工程竣工验收，完成缺陷整改工作
4	建设管理单位申请消防验收	建设管理单位 设计项目部 监理单位 施工项目部 物资供应单位 设备运维管理单位	（1）工程通过竣工预验收后，建设管理单位组织各参建单位根据当地住房与城乡建设主管部门要求，编制相应的消防验收申请文件，文件包括但不限于消防验收备案表、建设工程竣工报告及其附件。 （2）设计项目部应当根据当地住房与城乡建设主管部门消防验收备案要求，提供相应的设计文件，包括但不限于与消防有关的设计图纸、设计项目部资质等。 （3）监理单位应当根据当地住房与城乡建设主管部门消防验收备案要求，提供相应的监理文件，包括但不限于监理单位资质、与消防有关的监理记录。

续表

序号	管理内容	责任单位	工作内容与方法
4	建设管理单位申请消防验收	建设管理单位 设计项目部 监理单位 施工项目部 物资供应单位 设备运维管理单位	（4）施工项目部应当根据当地住房与城乡建设主管部门消防验收备案要求，提供相应的施工文件，包括但不限于消防查验一览表、涉及消防的各分部工程的质量验收记录、涉及消防建筑材料、构配件和设备的进场试验报告、消防设施性能和消防系统功能联调联试检测报告。 （5）设备运维管理单位应当配合完成与消防有关的生产准备工作。 （6）建设管理单位应当对各参建单位提供的消防验收备案文件进行审核，各参建单位应根据建设管理单位的审核意见进行整改，确保报住房与城乡建设主管部门的备案文件无错误
5	有关管理部门进行消防验收	建设管理单位 设计项目部 监理项目部 施工项目部 设备运维管理单位	（1）建设管理单位应组织各参建单位积极配合有关部门的消防验收工作，各参建单位应当安排本工程主要项目负责人、技术负责人到场配合验收工作。 （2）施工项目部应准备要消防验收所需的物资、设备和工器具，配合消防验收有关部门完成火灾报警、消防自动喷淋、水压试验、消防联动等现场试验项目
6	消防验收问题整改回复	建设管理单位 设计项目部 监理项目部 施工项目部 设备运维管理单位	（1）各参建单位应在对规定时间内完成消防验收有关部门提出问题和缺陷的整改工作，并向业主项目部反馈整改情况。 （2）业主项目部应将消防验收问题整改反馈情况上报消防验收有关部门，并申请消防复验
7	通过消防验收并取得合格意见书	建设管理单位	建设管理单位与有关消防验收管理部门积极沟通，按期取得消防验收合格意见书

10.5　注　意　事　项

（1）应当在工程现场具备消防验收条件后，由业主项目部组织本工程有关参建单位完成现场消防工程有关的自检验收，自检合格后再进行消防验收申请或备案。

（2）报送住房与城乡建设有关管理部门的消防验收申请表、备案表等文件，格式和要求应当符合当地消防验收有关部门的最新要求。

（3）消防验收有关部门现场验收时，各参建单位项目负责人、技术负责人应当到场配合验收，对本专业范围内的事项答疑。

第 11 章

运行移交

工程投运前需将工程专用工器具、备品备件和设备资料等全部移交设备运维管理单位，以保障设备运维管理单位对相关设备操作、运行及维护工作的正常开展。

11.1 工 作 依 据

（1）《国家电网有限公司基建质量管理规定》［国网（基建/2）112—2019］。

（2）《国家电网有限公司输变电工程业主项目部管理办法》［国网（基建/3）180—2019］。

（3）《国家电网有限公司输变电工程质量验收管理办法》［国网（基建/3）188—2022］。

（4）《国家电网有限公司业主项目部标准化管理手册（2021年版）》。

（5）《国家电网有限公司监理项目部标准化管理手册（2021年版）变电工程分册》。

（6）《国家电网有限公司施工项目部标准化管理手册（2021年版）变电工程分册》。

（7）《国家电网有限公司监理项目部标准化管理手册（2021年版）线路工程分册》。

（8）《国家电网有限公司施工项目部标准化管理手册（2021年版）线路工程分册》。

11.2 职 责 分 工

1. 业主项目部

（1）全面负责运行移交工作，协调各参建单位进行运行移交。

（2）协调解决运行移交过程中出现的各类问题。

2. 监理项目部

（1）配合业主项目部组织运行移交工作。

（2）整理合同（协议）要求的物资清单。

（3）负责对运行移交过程中发现的问题进行上报、复查，督促相关责任单位完成整改闭环工作。

3. 施工项目部

（1）负责组织收集、保管移交物资，建立文件资料管理台账。

（2）按要求及时完成物资移交工作。

4. 物资单位

督促设备供应商及时解决物资移交过程中出现的问题。

5. 设备运维管理单位

（1）确认移交物资清单。

（2）接收施工项目部移交的物资，核对无误后在移交清单签字。

11.3 工 作 流 程

运行移交工作流程见图 11－1。

图 11-1 运行移交工作流程

（1）工程开工后，由业主项目部进行前期资料收集，由监理单位负责下发。

（2）设备进场后，施工项目部根据到货情况，按照移交物资清单同步收集移交物资，发现问题时及时向相关单位反馈。

（3）工程竣工前，监理单位、施工项目部确定移交物资清单，施工项目部将物资移交至设备运维管理单位。

11.4 管理工作内容与方法

运行移交管理工作与方法见表 11－1。

表 11-1　　　　　　　　　管理工作内容与方法

序号	管理内容	责任单位	工作内容与方法
1	前期资料收集	业主项目部	收集甲供设备采购合同或技术协议，掌握合同（协议）中对移交物资的相关要求

续表

序号	管理内容	责任单位	工作内容与方法
2	确定移交物资清单	业主项目部 设计项目部 物资单位	组织召开设计联络会议,对各设备移交物资(包括但不限于设备技术资料、备品备件、专用工具、仪器仪表等)进行明确,形成移交物资清单并由各方参会代表签字确认
3	收集移交物资	施工项目部	设备进场后,施工项目部根据设备到货情况,按照清单内容,同步收集移交物资
4	问题处理	施工项目部 监理项目部 物资单位	(1)施工项目部发现设备供应商提供的移交物资内容与移交物资需求清单不一致时,及时以工作联系单的形式向监理项目部反映。 (2)监理单位及时向业主项目部反馈问题,并协助施工项目部解决。 (3)物资单位及时将问题向设备供应商反馈,督促其按要求提供移交物资
5	物资移交	设备运维管理单位 业主项目部 监理项目部 施工项目部	施工项目部应在工程竣工后 14 天内,按照移交物资清单列明的物资移交设备运维管理单位,清单一式四份,由设备运维管理单位、业主项目部、监理项目部、施工项目部代表签字确认(见附录 J～附录 L)

11.5　注　意　事　项

(1)设计联络会议阶段需设备运维管理单位及各设备厂家参加,对各设备移交物资进行提前梳理、确认,确保满足设备运维管理单位的要求。

(2)物资移交需及时、齐全。

(3)物资移交后,及时办理交接记录,并由各方签字确认。

第12章

送电前状态检查

　　送电前状态检查是保障设备投运前状态完好的必要环节，作为对待投运设备状态进行检查、确认的一项重要工作，是工程投运前的最后关卡。为确保检查的全面性和准确性，应提前制订详细的检查计划，并配备充裕的人力、物力等资源；在执行检查过程中，应保持高度的专业和严谨，不得出现疏漏和错误，以确保工程顺利投运和安全运行。

12.1　工　作　依　据

　　（1）工程设计图纸、定值单。

　　（2）设备运维管理单位压板投退图。

　　（3）设备厂家技术指导书、说明书。

　　（4）设备运维管理单位设备验收、运行管理规定。

12.2　职　责　分　工

1. 业主项目部

　　（1）组织开展送电前状态检查明细表的编制工作，召开会议对送电前状态检查明细表进行审查。

　　（2）对参与检查人员提前进行工作交底，加强现场安全管理。

　　（3）组织做好送电前的准备工作，包括人员分工安排、安全工器具准备等。保持沟通协调，确保各项工作有序进行。

　　（4）组织按照已批准的送电前状态检查明细表对现场设备状态进行检

查、确认。

（5）针对检查过程中发现的问题，组织制定整改措施和方案，明确责任单位和责任人，确保问题得到及时整改。同时，对整改进度进行跟踪和监控，确保整改工作按时完成。

（6）组织对整改后的现场设备进行复查，确保整改措施得到落实，设备状态达到送电要求。复查结果需记录在送电前状态检查明细表中，并为后续工作提供依据。

2. 监理项目部

（1）参与审查送电前状态检查明细表。

（2）联系各设备厂家到场配合送电前状态检查。

（3）检查各单位送电前准备工作，做好检查现场安全监督管理，确保检查工作顺利进行。

（4）参与送电前状态检查。

（5）监控检查过程，对出现的问题及时督促处理并汇总上报业主项目部。

（6）总结检查过程中的经验教训，为下次送电提供参考。

3. 施工项目部

（1）编制送电前状态检查明细表。

（2）做好检查前准备工作。做好检查人员安全培训和交底，做好人员分工和工器具准备，确保检查工作顺利进行。

（3）根据已审批的送电前状态检查明细表对现场设备状态进行检查。

（4）根据检查情况，对设备存在的问题进行分类，确定整改措施和责任人，及时进行问题整改。

（5）对整改后的设备进行再次检查，确保整改措施得到落实。

（6）整改完成后，对检查结果进行记录和汇总，形成送电前状态检查报告。

4. 各设备厂家

配合送电前状态检查，对于涉及本单位的问题，积极配合整改。

5. 设备运维管理单位

（1）负责现场送电前设备状态检查，对设备进行预操作。

（2）按照专业分工，分别做好设备运行参数核查、设备外观及附属设施检查、设备保护装置检查、设备接地检查、设备标识检查等。

（3）对于检查出的问题及时反馈责任单位，并及时做好问题整改复核工作。

12.3　工　作　流　程

送电前状态检查工作流程见图 12-1。

编制送电前状态检查明细表 ⇨ 审核明细表、明确各单位分工 ⇨ 执行送电前状态检查 ⇨ 送电前状态检查明细表签字确认

图 12-1　送电前状态检查工作流程

（1）启动送电前 15 天，业主项目部组织编写送电前状态检查明细表。

（2）业主项目部召开专项会议，组织监理、施工项目部对送电前状态检查明细表进行审核，并明确各单位职责分工。

（3）启动送电前 24h，施工项目部和各设备厂家根据送电前状态检查明细表对现场设备状态进行检查。

（4）设备送电前状态检查无误后，各参建单位、设备运维管理单位进行签字确认。

12.4　管理工作内容与方法

送电前状态检查管理工作内容与方法见表 12－1。

表 12－1　　　　　　　　　　**管理工作内容与方法**

序号	管理内容	责任单位	工作内容与方法
1	编制送电前状态检查明细表	业主项目部 监理项目部 施工项目部 各设备厂家	（1）业主项目部通知施工项目部编写送电前状态检查明细表（见附录 M）。 （2）各参建单位补充送电前状态检查明细表，设备厂家有特殊要求时，应提出相关意见
2	审核明细表、明确各单位分工	业主项目部 监理项目部 施工项目部 各设备厂家	（1）业主项目部组织监理、施工项目部和各设备厂家审查送电前状态检查明细表。 （2）监理项目部联系、督促各厂家按时到场配合送电前状态检查
3	执行送电前状态检查	施工项目部 各设备厂家	（1）送电前状态检查应严格按照检查明细表执行，不得漏项。 （2）检查小组应按专业设置，宜分为一次、二次、高压、保护、土建、线路组。每组人数不应少于 2 人，扩建站要加强监护，避免走错间隔。 （3）施工项目部应做好数据记录，留好现场照片、影像记录。 （4）监理项目部应提前通知设备厂家到场，配合施工项目部做好送电前设备状态检查
4	送电前状态检查明细表签字确认	监理项目部 施工项目部 设备运维管理单位 各设备厂家	监理、施工、设备运维管理单位和各设备厂家确认现场设备状态正常后，在送电前状态检查表上签字确认

12.5　注　意　事　项

（1）送电前状态检查应全面、细致，确保设备投运前状态完好。

（2）检查过程中，应严格遵守安全操作规程，防止意外事故的发生。

（3）对检查中发现的问题，要及时制定整改措施，确保问题得到及时整改。

（4）施工项目部与设备运维管理单位共同确认试验线和接地线已全部拆除，接地连片或短接片已恢复，监控后台无异常信号，设备运行状态符合送电要求。

（5）施工项目部、设备运维管理单位和各设备厂家在送电前状态检查完成后，不得擅自改变设备状态或改动二次回路。

（6）各设备厂家应配置足够的人员力量，做好现场配合工作。

第 13 章

送电应急准备

为应对启动送电过程中的突发事件，做好突发事件应急处置及保障工作，在启动送电前依据规程规范要求，设置应急处置组织机构，组建应急处置队伍，准备相关物资及工器具，保障输变电工程顺利完成启动送电工作。

13.1 工 作 依 据

（1）《国家电网有限公司输变电工程业主项目部管理办法》[国网（基建/3）180—2019]。

（2）《国家电网有限公司输变电工程质量验收管理办法》[国网（基建/3）188—2022]。

（3）《国家电网有限公司业主项目部标准化管理手册（2021年版）》。

13.2 职 责 分 工

1. 建设管理单位

（1）负责监督、检查、指导、考核所辖工程送电应急准备工作。

（2）协调解决所辖工程送电应急准备工作中出现的重大问题。

2. 业主项目部

（1）组织成立送电应急准备工作小组。

（2）组织监理、施工、物资项目部开展送电应急准备工作。

（3）协调设备运维管理单位参与送电应急准备相关工作。

3. 监理项目部

（1）参与送电应急准备工作。

（2）负责对送电应急准备工作过程中发现的问题进行跟踪，督促各单位责任落实。

4. 施工项目部

（1）进行应急处置人员、物资及工器具准备。

（2）在业主项目部组织下解决送电过程中发生的突发事件。

5. 物资单位

（1）参与送电应急准备工作。

（2）组织设备供应商提供设备技术资料、备品备件、专用工具、仪器仪表等技术支持服务，及时消除设备缺陷。

6. 设备运维管理单位

配合业主项目部做好送电应急准备工作。

13.3 工 作 流 程

送电应急准备工作流程见图 13-1。

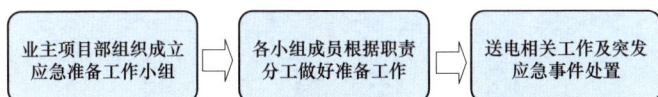

图 13-1 送电应急准备工作流程

13.4 管理工作内容与方法

送电应急准备管理工作内容与方法见表 13-1。

表 13-1   **管理工作内容与方法**

序号	管理内容	责任单位	工作内容与方法
1	业主项目部组织成立应急准备工作小组	业主项目部	工程启动送电前，业主项目部应组织成立送电应急准备工作小组，编写工作方案，方案中应明确各参建单位责任人及工作范围
2	各小组成员根据职责分工做好准备工作	监理项目部 施工项目部 物资单位 设备运维管理单位	（1）送电应急准备工作小组应下设技术组、会务组、后勤组、宣传组等。 （2）技术组负责解决送电时遇到的技术问题，一般应由业主项目部技术专责、监理项目部专业监理工程师、施工项目部项目总工及专业负责人和各设备厂家技术人员组成。 （3）会务组负责启动送电期间各项会议会务组织、会议签到、会议纪要编写等工作。 （4）后勤组负责启动送电期间的各类物资、车辆调度工作，必要时可配置随队医生。 （5）宣传组负责送电期间影像资料收集留存、新闻报道等工作
3	送电相关工作及突发应急事件处置	业主项目部 监理项目部 施工项目部 物资单位 设备运维管理单位	如遇突发情况，各单位依据各自职责分工进行处置，同时需统一听从应急处置组长指挥

13.5 注 意 事 项

（1）应急小组成员尤其是设备厂家应确保通信畅通。

（2）启动送电过程中，所需应急物资应配置齐全、方便取用。

（3）启动送电前，应与当地公安、应急、消防、医疗等部门单位建立应急机制，必要时需在现场配置消防车辆及人员。

附录 A 二次安全措施票示例

变电站改扩建二次工作安全措施票

单位：_____ 工作票编号：_____

被试设备名称及保护名称					
工作负责人		工作时间		签发人（施工项目部）		签发人（检修单位）	

工作内容：

安全措施：包括应退出和投入出口和开入软压板、出口和开入硬压板，解开及恢复直流线、交流线、信号线、联锁线和联锁开关，断开或合上交直流空开，拔出和插入光纤，按工作顺序填用安全措施。工作中应使用绝缘工器具，测量相应回路时应注意万用表的档位正确。已执行，在执行栏打"√"，已恢复，在恢复栏打"√"。

序号	执行	安全措施内容		恢复
		名称	具体措施	
1		压板	在××××屏确认××××压板已退出： ……	
2		失灵回路	在××××屏解开失灵回路： …… 执行时在××××屏测量： …… 恢复时在××××屏测量： ……	
3			在××××屏解开失灵回路： …… 执行时在××××屏测量： …… 恢复时在××××屏测量： ……	
4		电流回路	（若保护电流串至过负荷联切等安全自动装置的，在过负荷联切等安全自动装置屏将相应电流端子排连片短接并打开）	

5	电压回路	在××××屏解开解开交流电压回路： …… 执行时在××××屏测量： …… 恢复时在××××屏测量： ……	
6	信号回路	在××××屏解拉开遥信电源开关，并采取措施防止误投	
7	故障录波信号回路	在××××故障录波器屏解下： …… 执行时在××××屏测量： …… 恢复时在××××屏测量： ……	
8	直流电源	在直流馈线屏拉开相关直流空开： ……	
9	交流电源	将××××屏交流电源回路在电源端解线： …… 执行时在××××屏测量： …… 恢复时在××××屏测量： ……	

执行工作		恢复工作	
执行人	监护人	执行人	监护人

附录 B　调度命名申请示例

××（单位）关于××kV××工程调度命名的请示

××××：

　　××kV××工程（变电站站址位于××）即将进行调度启动，经××、××等运行维护单位及××调控中心协商，现将变电站、线路调度命名请示如下。

一、变电站命名

拟命名：××变电站（取自××），线路以"××"为冠字。

备选名：××变电站（取自××）、××变电站（取自××）。

二、线路命名

××kV××工程本期将原××kV××线、原××kV××线π入××变电站，同时由××kV××站新建×回××kV线路，共计形成×回××kV线路。根据变电站拟命名，相关××kV线路拟命名如下。

（1）××站××、××开关—××站××、××开关线路拟命名为××kV××一线。

（2）××站××、××开关—××站××、××开关线路拟命名为××kV××二线。

　　××kV××输变电工程变电站、线路建议命名与××运维和调控管辖范围内现运行变电站、线路的命名无重叠、无相近、无谐音，最终调度命名以××下发的调度命名为准，我公司将遵照执行。

　　妥否，请批示。

　　附图：

1. ××kV××输变电工程线路对应关系示意图例

2. ××kV××变电站电气接线图例（××kV部分）

1. ×××kV×××输变电工程线路对应关系示意图例

图示中，线框内本期仅作连接线，禁止倒闸操作。

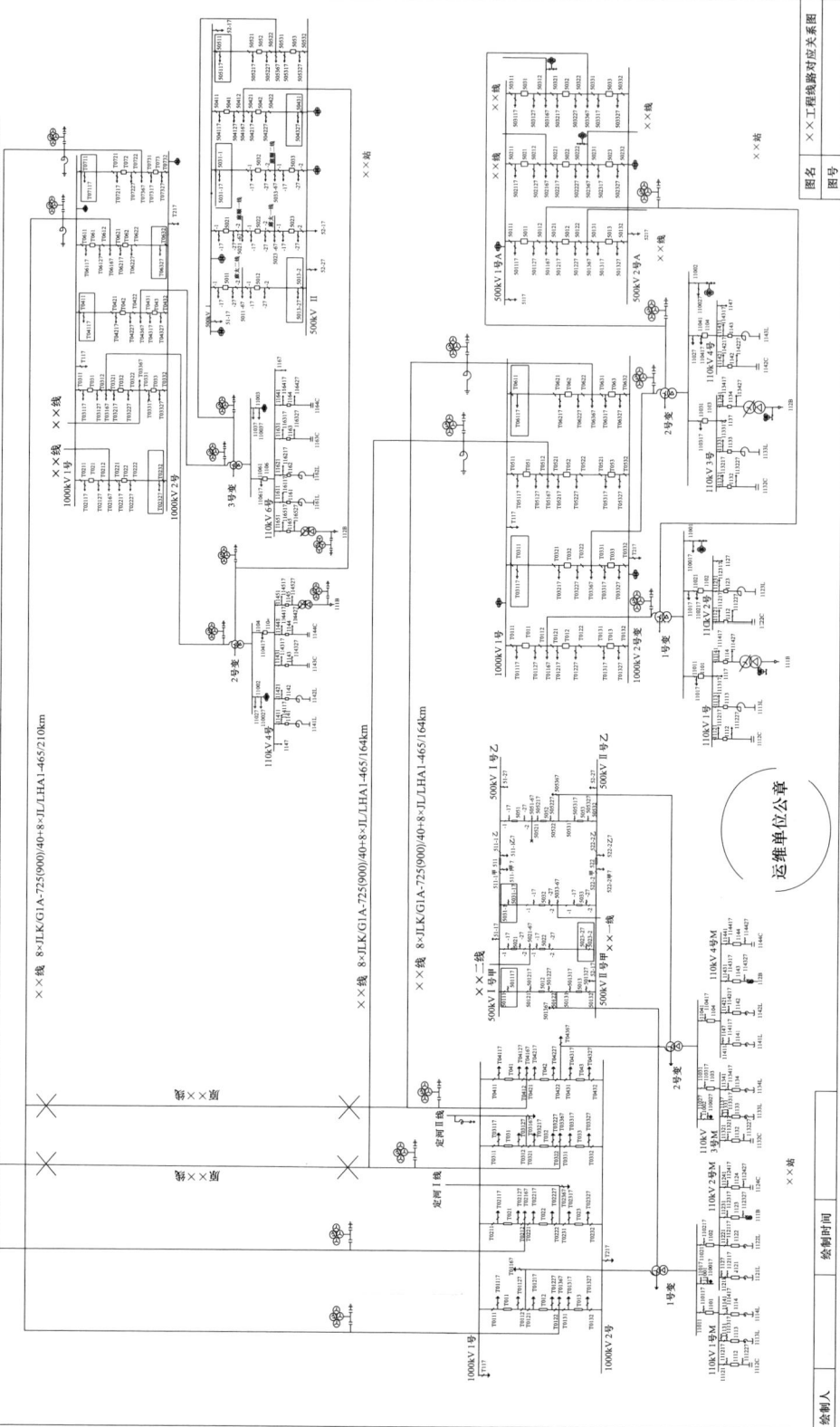

×××线　8×JLK/G1A-725(900)/40+8×JL/LHA1-465/210km

×××线　8×JLK/G1A-725(900)/40+8×JL/LHA1-465/210km

×××线　8×JLK/G1A-725(900)/40+8×JL/LHA1-465/164km

×××线　8×JLK/G1A-725(900)/40+8×JL/LHA1-465/164km

×××线

×××线

×××线

×××二线

×××一线

1000kV 1号
1000kV 2号
3号变
2号变
110kV 4号

500kV Ⅰ
500kV Ⅱ

500kV 1号A
500kV 2号A

1号变
2号变
1000kV 1号
1000kV 2号
110kV 2号M
110kV 1号M

500kV Ⅰ号Z
500kV Ⅱ号Z
500kV Ⅰ号甲
500kV Ⅱ号甲
110kV 4号M

××站

110kV 3号
110kV 4号

2号变

定闸Ⅰ线
定闸Ⅱ线
1000kV 1号
1000kV 2号
110kV 2号M
110kV 1号M
110kV 3号M
1号变
2号变

运维单位公章

绘制人　　　绘制时间

图名　　××工程线路对应关系图
图号

2. ×××kV×××变电站电气接线图例（×××kV 部分）

线框内设备本期仅作连线，禁止倒闸操作。

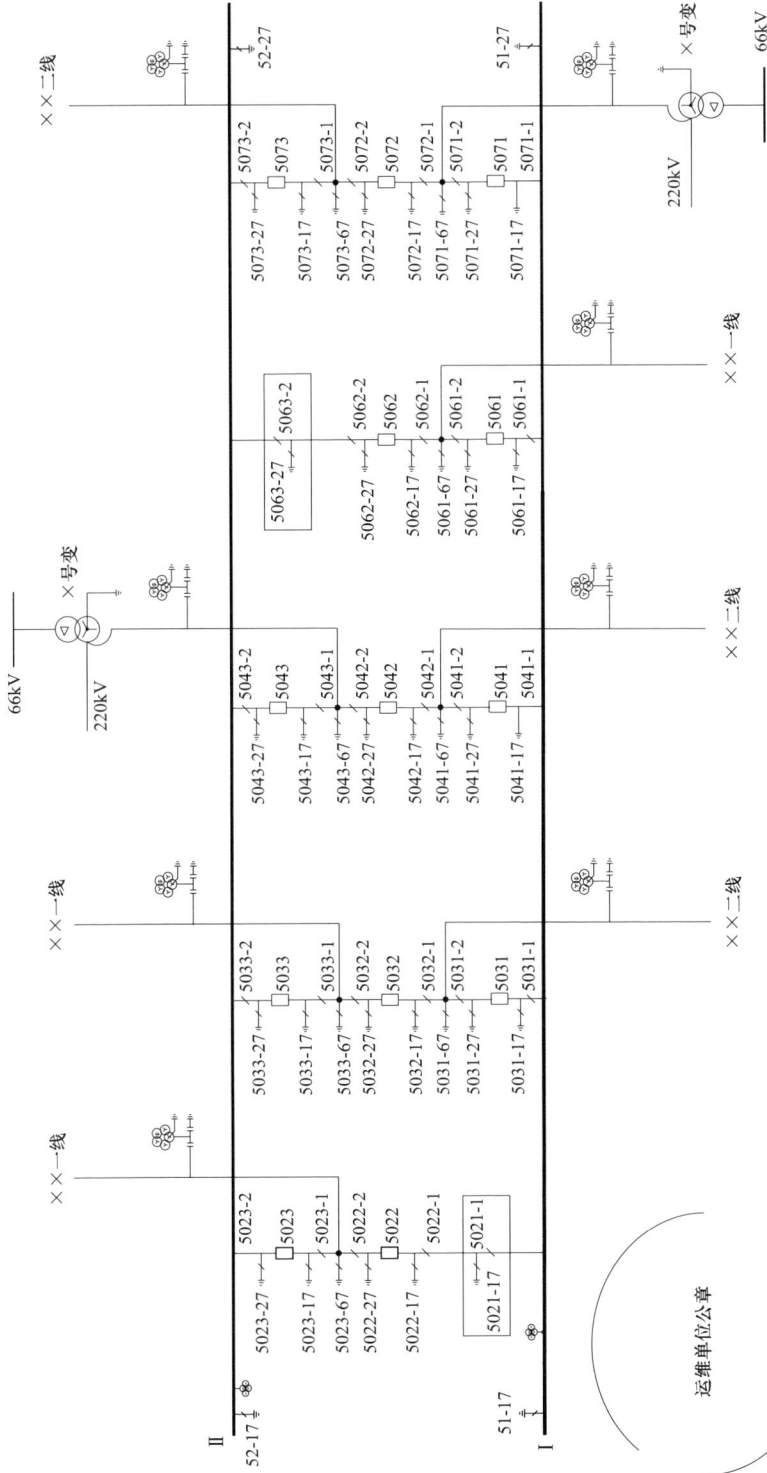

修改内容	绘制人	绘制时间	
		图名	××站500kV
		图号	

95

附录 C　线路参数测试现场组织机构人员名单示例

×××工程××～××段线路参数测试
现场组织机构人员名单

一、工程建设管理单位

二、业主项目部

变电业主项目部：

线路业主项目部：

三、监理单位

变电监理单位：

线路监理单位：

四、施工项目部

变电施工项目部 1：

变电施工项目部 2：

线路施工项目部 1：

线路施工项目部 2：

线路施工项目部 3：

五、变电运行单位

六、参数测试单位

负责人：

首端：

末端：

附录 D 线路施工项目部具备参数测试条件的报告示例

线路施工项目部具备参数测试条件的报告

致_____：

我项目部管辖范围内_____的工程已完成如下工作（包括但不限于），已具备参数测试条件：

1. 线路架设、紧线、附件、跳线安装等所有工作已全部完成，线路处于良好的电气连接状态。

2. 线路沿线所有人员、材料、工器具等已全部撤离。

3. 已不存在接近导线的、影响参数测试的树木及其他障碍物。

4. 临时工作接地线共____条，已全部拆除，并经确认。

5. 沿线安全监护巡视工作已安排，人员已到位。

6. 应急机构已组建，并处于待命状态，可随时投入工作。

其他事项：已认真完成线路参数测试工作相关文件的学习及交底_____

施工项目部	监理单位	业主项目部
签　字：	签　字：	签　字：
盖　章：	盖　章：	盖　章：
日　期：	日　期：	日　期：

附录 E 变电施工项目部具备参数测试条件的报告示例

变电施工项目部具备参数测试条件的报告

致_____：

我项目部管辖范围_____内的工程已完成如下工作（包括但不限于），已具备参数测试条件：

1. 需要隔离的设备已确认可靠断开。

2. 试验区域内所有人员、材料、工器具等已全部撤离。

3. 临时工作接地线共____条，已全部拆除，并经确认。

4. 应急机构已组建，并处于待命状态，可随时投入工作。

其他事项：已认真完成线路参数测试工作相关文件的学习及交底_____

_____

施工项目部	监理单位	业主项目部
签　字：	签　字：	签　字：
盖　章：	盖　章：	盖　章：
日　期：	日　期：	日　期：

附录 F 参数测试单位具备参数测试条件的报告示例

参数测试单位具备参数测试条件的报告

致_____：

我单位在××××工程线路工程××～××段_____站已完成如下工作（包括但不限于），已具备参数测试条件：

1. 测试电源已准备完成。

2. 测试引下线已连接完成。

3. 测试接线已完成，测试设备准备就绪。

4. 测试方案完成报审手续，并进行了交底。

5. 测试人员已到位，现场通信畅通。

6. 应急机构已组建，并处于待命状态，可随时投入工作。

其他事项：_已认真完成线路参数测试工作相关文件的学习及交底_

负责人（签字）

单位（部门）（加盖公章）

日期：   年   月   日

附录 G　参数测试单位完成参数测试工作的报告示例

参数测试单位完成参数测试工作的报告

致_____：

我单位已完成××××工程线路工程××～××段线路参数测试工作：

1. 测试电源已拆除。

2. 测试引下线已拆除。

3. 测试工作现场已清理完毕。

4. 测试工作人员已撤离。

其他事项：_____

_____

负责人（签字）

单位（部门）（加盖公章）

日期：　　　年　　月　　日

附录 H 监控信息表示例

编号：××kV-××变电站-2019-001

××kV××变电站监控信息表

编　　制：

审　　核：

校　　核：

××××年××月

××变电站监控信息表（遥测）

序号	间隔名称	遥测名称	单位	备注
1	××线	××线有功	MW	
2	××线	××线无功	Mvar	
3	××线	××线 A 相电流	A	
4	××线	××线 B 相电流	A	
5	××线	××线 C 相电流	A	
6	××线	××线 A 相电压	kV	
7	××线	××线 B 相电压	kV	
8	××线	××线 C 相电压	kV	
9	…	…		

××变电站监控信息表（遥控）

序号	间隔名称	遥控名称	备注
1	5011	××线 5011 开关合/分	
2	5011	××线 5011 开关同期合	
3	5011	1 号主变压器分接开关位置升/降	
4	5011	1 号主变压器调档急停	
5	…	…	

××变电站监控信息表（遥调）

序号	间隔名称	遥调名称	备注
1	定值区	××保护定值区切换	
2	…	…	
3	…	…	
4	…	…	
5	…	…	

××变电站监控信息表（遥信）

序号	间隔名称	信息/部件类型	集中监控信息	站端监控系统信息	设备原始信息	告警分级	光字牌设置	备注
1	公用	全站	全站事故总	全站事故总	全站事故总	事故	是	
2	5011	开关	开关间隔事故总	开关间隔事故总	开关间隔事故总	事故	是	
3	5011	开关	开关	开关	开关	变位	否	
4	5011	开关	开关储能电机故障	开关储能电机失电	开关储能马达失电	异常	是	
5				开关储能电机运转超时	开关马达运转超时			
6	5011	开关	开关机构就地控制	开关机构就地控制	开关机构就地控制	异常	否	

附录Ⅰ 远动联调进度表示例

远 动 联 调 进 度 表

调试内容	省调		网调		国调	
	一平面	二平面	一平面	二平面	一平面	二平面
远动设备（RTU）						
同步向量测量装置（PMU）						
电能量计量系统（TMR）						
图形网关机						
保护信息子站						
故障录波装置						
在线监测系统						

附录 J 移交专用工器具清单示例

移交专用工器具清单

序号	名称	规格	数量	建设方代表	接收方代表

业主项目部：

监理项目部：

物资项目部（若有）：

附录 K　移交备品备件清单示例

移 交 备 品 备 件 清 单

序号	名称	规格	数量	建设方代表	接收方代表

业主项目部：

监理项目部：

物资项目部（若有）：

附录 L　向设备运维管理单位移交资料清单示例

向设备运维管理单位移交资料清单

序号	名称	卷、册、页数	移交方代表	接收方代表

业主项目部：

监理项目部：

物资项目部（若有）：

附录 M 送电前状态检查明细表示例

1. 一次部分

序号	检查项目	检查结果（√表示合格）	厂家	施工项目部	监理单位	设备运维管理单位
1	引线恢复、一次设备螺丝已紧固					
2	断路器、隔离开关位置在分位					
3	SF$_6$密度表指示正常，无泄漏，SF$_6$密度表阀门在工作位置					
4	开关柜手车检查、柜门检查					
5	主变压器气体继电器设置在工作位置					
6	变压器散热器、压力释放、气体继电器阀门应打开					
7	变压器放气检查、油路阀门在工作位置					
8	充氮灭火装置在投运状态，是否已安装重锤					

2. 二次部分

序号	检查项目	检查结果（√表示合格）	厂家	施工项目部	监理单位	设备运维管理单位
1	二次接线螺栓紧固检查、封堵检查					
2	智能柜、端子箱电器元件检查，照明、温湿度控制器、空调检查					
3	站用电系统零线接地、交流电压、相序检查，蓄电池检查、UPS检查					
4	开关柜航插检查					

3. 高压

序号	检查项目	检查结果 （√表示合格）	厂家	施工项目部	监理单位	设备运维 管理单位
1	套管末屏、油浸式 TA 末屏接地应良好					
2	TV/CVT 大 X、大 N 接地良好					
3	主变压器运行前最后分接头下绕组直阻检查					

4. 保护

序号	检查项目	检查结果 （√表示合格）	厂家	施工项目部	监理单位	设备运维 管理单位
1	变压器油温表、绕温表温度、档位现场与后台指示检查					
2	三相不一致时间继电器、油温绕温定值、过负荷启风冷定值整定正确					
3	TA、TV 二次端子螺栓紧固检查					
4	一次通流通压试验完成					
5	TA、TV 回路极性、直阻、绝缘、接地检查，N600 一点接地正确					
6	安全自动装置：定值执行情况、无异常告警，智能设备无光衰过大现象，SV、GOOSE 断链检查					
7	直流系统绝缘、串电检查（无接地、不串电）					
8	监控后台：画面清闪，无异常信号，无通信中断情况					
9	安全隔离措施：电压电流回路失灵、跳闸回路、信号回路隔离与恢复					